听专家田间讲课

茄果类蔬菜
病虫害诊断与防治

魏辉 田厚军 等 编著

U0299433

中国农业出版社

图书在版编目(CIP)数据

茄果类蔬菜病虫害诊断与防治 / 魏辉等编著 .
—北京:中国农业出版社,2017.1
(听专家田间讲课)
ISBN 978-7-109-22617-3

Ⅰ.①茄… Ⅱ.①魏… Ⅲ.①茄果类—病虫害
防治—图解 Ⅳ.①S436.41—64

中国版本图书馆 CIP 数据核字(2017)第 002482 号

中国农业出版社出版
(北京市朝阳区麦子店街 18 号楼)
(邮政编码 100125)
责任编辑 阎莎莎 张洪光

中国农业出版社印刷厂印刷 新华书店北京发行所发行
2017 年 1 月第 1 版 2017 年 1 月北京第 1 次印刷

开本:720mm×960mm 1/32 印张:4.25 插页:1
字数:65 千字
定价:15.00 元

(凡本版图书出现印刷、装订错误,请向出版社发行部调换)

编著者　魏　辉　田厚军　陈艺欣
　　　　　林　硕　李建宇　史梦竹
　　　　　陈　勇　赵建伟

保障国家粮食安全和实现农业现代化，最终还是要靠农民掌握科学技术的能力和水平。为了提高我国农民的科技水平和生产技能，向农民讲解最基本、最实用、最可操作、最适合农民文化程度、最易于农民掌握的种植业科学知识和技术方法，解决农民在生产中遇到的技术难题，中国农业出版社编辑出版了这套"听专家田间讲课"丛书。

把课堂从教室搬到田间，不是我们的最终目的，我们只是想架起专家与农民之间知识和技术传播的桥梁；也许明天会有越来越多的我们的读者走进校园，在教室里聆听教授讲课，接受更系统、更专业的农业生产知识与技术，但是"田间课堂"所讲授的内容，可能会给读者留下些许有用的启示。因为，她更像是一张张贴在村口和地头的明白纸，让你一看就懂，一学就会。

本套丛书选取粮食作物、经济作物、蔬菜和果树等作物种类，一本书讲解一种作物或一种技能。作者站在生产者的角度，结合自己教学、培训和技术推广的实践经验，一方面针对农业生产的现实意义介绍高产栽培方法和标准化生产技术，另一方面考虑到农民种田收入不高的实际问题，提出提高生产效益的有效方法。同时，为了便于读者阅读和掌握书中讲解的内容，我们采取了两种出版形式，一种是图文对照的彩图版图书，另一种是以文字为主插图为辅的袖珍版口袋书，力求满足从事农业生产和一线技术推广的广大从业者多方面的需求。

期待更多的农民朋友走进我们的田间课堂。

2016 年 6 月

前言

　　随着我国人民对生态环境安全的高度重视和生活水平的日益提高，人们的消费观念和饮食结构也有了较大的改变和调整，不再仅仅停留在吃饱或者吃好的水平上，而是向着健康、绿色、有机、环保的方向发展。当下，食品安全问题尤其是农药残留超标问题已经成了全社会谈及色变的敏感性话题，我国也在食品安全问题处理上采取了零容忍态度，加大了监管和处罚力度，将切实有效地保障人们吃到健康食品。但是要从本质上解决蔬菜中农药残留超标的问题，还得从源头做起，要认真贯彻"预防为主，综合防治"的植保工作方针。目前我国也在大力推广农作物绿色防控技术，通过农业防控、物理防控、生物防控和精准施药相结合的综合防控方法，将化学农药的使用量降到无公害阈值以下，提升蔬菜品质和安全水平。有助于推动绿色、有机、无公害蔬菜产业的快速健康发展，也有效地保障蔬菜整体经济效益的提高。绿色防控也是发展现代设施农业、建设资源节约型及环境友好型农业，促进农业生产安全、农产品质量安全、农业生态安全和农业贸易安全的有效途径。

在此背景下，受中国农业出版社之邀，我们编写了《茄果类蔬菜病虫害诊断与防治》一书。本书重点介绍了如何防治茄果类蔬菜生产过程中碰到的主要病虫害，详细介绍了茄果类蔬菜病虫害绿色防控措施，有较强的实用性和可操作性，语言通俗易懂，尽可能地满足农技人员的需求，也可作为广大菜农朋友的指导和培训书籍。

本书编写人员主要有魏辉、田厚军、陈艺欣、林硕、陈勇、赵建伟等。在编写过程中得到福建省农业科学院植物保护研究所傅建炜研究

员、史梦竹助理研究员、李建宇助理研究员的大
力支持和帮助，在此一并致谢。由于本书编写的
时间紧、水平有限，加上搜集的资料可能不够全
面，不足之处在所难免，敬请广大读者、同行批
评赐教。

编著者

2016 年 11 月 21 日

目录
MU LU

第二部分 | 害虫 / 52

第三部分 | 茄果类蔬菜常见病虫害综合
防治技术 / 83

第一部分
病　　害

一、早疫病

【为害对象】主要为害番茄、马铃薯、茄子、辣椒等茄科蔬菜。

【病原】早疫病是真菌性病害，病原是半知菌亚门链格孢属的茄链格孢（*Alternaria solani*）。

【症状识别】主要为害叶片，也为害茎和果实。苗期即可发病，在幼苗的茎基部生暗褐色病斑，稍凹陷，有轮纹，有时环包全茎引起类似干枯型的症状。成株期发病首先由叶部开始，初期出现水渍状暗绿色病斑，扩大后呈圆形或不规则形，有明显的同心轮纹，直径可达 1～2 厘米，边缘深褐色，潮湿时病斑上长出黑色霉层，病叶一般由植株下部向上发展，严重时叶片脱落，只留下顶部少数绿叶。茎部受害，病斑多着生在分枝处及叶柄基部，椭圆形或不整齐形，暗褐色，凹陷，有时龟裂，严重时可造成断枝。花、果实受害，往往从花萼附近开始，使花腐烂变黑。果实被害后往往在花托附近的果面产生凹陷斑，近椭圆形，暗褐色，表面生黑色霉层，果面易开裂，严重时脱落。

【侵染循环与发病规律】病原菌以菌丝体或分生孢子随病株残体遗留于栽培地。在室温条件下，分生孢子可存活 17 个月左右，病菌可附在种子上，成为翌年初侵染源。病菌借助气流或流动水传播，由皮孔、气孔或表皮直接侵染。温湿度适宜，病菌侵入寄主组织的潜育期只有 2～3 天，形成病斑以后 3～4 天病部就能产生新的分生孢子，进行再侵染，扩大为害。

高湿、高温环境发病重，而且流行速度快。露地栽培，温度在 15℃ 左右、湿度在 80% 以上，病害就开始发生，地势低洼，土壤黏重，排水不良，密度过大，贪青徒长，发病比较重。天气连续阴雨，气温在 20～25℃，病情发展最快。连续 5 天平均气温 21℃ 左右，而且相对湿度在 70% 以上的时间超过 49 小时，是发病的有利条件。因此，雨季来临的早晚，雨日和雨量的多少，与病害的发生和严重程度密切相关。此病多在结果初期发生，结果盛期为害严重。病斑由植株下部老叶向上部嫩叶逐渐蔓延。通常水肥供应不足，植株生长衰弱，容易发病。南方露地栽培发生普遍，多在 4 月中下旬始发，至 5～6 月为发病盛期。

【绿色防控技术】

(1) 农业防治。施足有机底肥，及时合理灌水追肥，保持通风，及时排湿，保证阳光充足。

(2) 生物防治。可用生物制剂 6％嘧啶核苷酸类抗菌素水剂每亩* 87.5～125 克，喷雾。

(3) 药剂防治。于发病前或发病初期喷施50％异菌脲可湿性粉剂 1 000 倍液或 5％百菌清可湿性粉剂可进行预防，每亩每次 1 千克，隔 9 天喷 1 次，连续 4 次。发病后可用苯醚甲环唑＋噻森铜进行防治。

发病后，每亩可用 30％醚菌酯悬浮剂 40～60 克、50％啶酰菌胺水分散粒剂 20～30 克、

---

* 亩为非法定计量单位，15 亩＝1 公顷。——编者注

50％代森锰锌可湿性粉剂 246～316 克、10％苯醚甲环唑水分散粒剂 83.3～100 克、75％肟菌·戊唑醇水分散粒剂 10～15 克、70％丙森锌可湿性粉剂 125～190 克、30％王铜悬浮剂 50～71.4 克、25％嘧菌酯悬浮剂 24～32 克、50％二氯异氰尿酸钠可湿性粉剂 75～100 克，喷雾，7～10 天喷 1 次，连续使用 2～3 次，严重时可加喷 1 次。

二、晚疫病

【为害对象】主要为害番茄和马铃薯等。

【病原】晚疫病是卵菌病害，病原为致病疫霉（*Phytophthora infestans*），属卵菌门疫霉属。

【症状识别】幼苗和成株期都可以发病，为害叶、果、茎，但以成株期的叶片和青果受害最为严重。苗期感病最初叶片出现暗绿色水渍状病斑，逐渐向主茎发展，导致叶柄和主茎呈黑褐色而腐烂，湿度大时病部产生稀疏的白色霉层。幼茎基部发病，形成水渍状缢缩，幼苗萎蔫或倒伏。成株期多从下部叶片发病，形成暗绿色水渍

状病斑，边缘不整齐，扩大以后呈黑褐色。空气
潮湿时叶背面病斑边缘长白霉；干燥时病部干
枯，呈青白色，脆而易破。叶柄和茎部病斑最初
呈黑色凹陷，后变成黑褐色腐烂，引起主茎病部
以上枝叶萎蔫。青果病斑油渍状，开始时暗绿
色，后来变成黑褐色，病部比较硬，稍微凹陷，
边缘呈云纹状，湿度大时病斑边缘长成白霉，并
很快腐烂。

【侵染循环与发病规律】病菌以菌丝体或厚
垣孢子随遗留土中的病残体，成为翌年初侵染
源。病菌借助气流和雨水传播，由气孔或表皮直
接侵入寄主，在细胞间扩展，也能侵入细胞内，
经 3～4 天潜育期之后，病部便可长出菌丝，或
由气孔伸出孢囊梗，产生孢子囊，释放游动孢
子，形成再侵染。孢子囊或游动孢子借助气流、
雨水传播，使其病害得以扩大蔓延。从中心病株
形成到全面发病仅需十多天。

温暖湿润有利于晚疫病的发生和流行。一般
白天温度不超过 20℃，夜间温度不低于 10℃，
并且相对湿度保持在 75％～100％ 的时间越长，
发病越重。在适宜的温度条件下，寄主体表有水

膜，或空气相对湿度达到饱和均可导致该病发生侵染。连续大量降雨也会导致该病发生。栽培地通风透光性差、低洼易积水、定植密度过大均可导致该病发生流行。底肥不足、植株长势弱等，也有利于该病发生或加重。

【绿色防控技术】

(1) 农业防治。因地制宜选种抗病品种。栽培防治，与其他蔬菜间隔 3 年轮作。加强水肥管理，施行配方施肥，以提高植株抗逆性。晴天浇水，防止大水漫灌。合理密植，及时整枝，早搭架，摘除植株下部老叶，改善通风透光条件。棚室栽培适时放风，降低棚室湿度。

(2) 生物防治。2％几丁聚糖水剂每亩 100～150 克、1 000 亿芽孢/克枯草芽孢杆菌可湿性粉剂每亩 10～14 克、0.5％氨基寡聚糖水剂每亩 186.7～250 克喷雾，10～14 天喷 1 次，连续喷 2～3 次。

(3) 药剂防治。发病时可通过喷雾、烟雾和灌根等方法进行防治，但需在病株率不超过 1％前，常用喷雾剂有 25％甲霜灵可湿性粉剂 600倍液、40％疫霉灵可湿性粉剂 250 倍液、58％甲霜灵·锰锌可湿性粉剂 500 倍液、40％甲霜铜可湿性粉剂 700 倍液等。若棚室栽培，可采用 45％百菌清烟雾剂，每次每亩 250 克，傍晚施药后封闭棚室过夜即可。亦可用 50％甲霜铜可湿性粉剂 600 倍液，或 60％琥·三乙膦酸铝可湿性粉剂 400 倍液灌根，每株灌药液 300 克。

三、根结线虫病

【为害对象】 主要为害番茄、黄瓜、茄子和辣椒等。

【病原】 病原为北方根结线虫（*Meloidogyne hapla* Chitwood），属根结线虫属。病原线虫在土壤中，或以附着在种根上的幼虫、成虫及虫瘿为翌年的初侵染源。

【症状识别】 主要为害寄主植物的叶片、花苞和花朵，造成叶片黄化、落叶、小叶或叶片畸形。心苞受害致枯心或空心，在开花时往往出现花腐。根部肿大畸形呈鸡爪状，根组织变黑腐烂，也有的根上产生球状根结。线虫侵入根部后，细根及粗根各部位产生大小不一的不规则瘤状物，即根结，其初为黄白色，外表光滑，后呈褐色并破碎腐烂。线虫寄生后根系功能受到破坏，使植株地上部生长衰弱、变黄，影响产量。对黄瓜根结级数的影响主要表现在根结线虫侵染的病株根系发育不良，并出现球形或圆锥形大小不等的串珠状瘤状物或根结，使整个根部肿大、粗糙，呈不规则状。瘤状物初为白色，表面光滑，较坚实，后期根结变成淡褐色，腐烂。由于根部被破坏，影响正常的吸收机能，所以地上部生长发育受阻，轻者症状不明显，重者生长缓慢，植株比较矮小，发育不良、结瓜小且少。在中午气温较高时，地上部植株呈萎蔫状态；早晚气温较低或浇水充足时，暂时的萎蔫又可恢复正常，随着病情的发展植株逐渐枯死。

【侵染循环与发病规律】病原线虫在土壤中，或以附着在种根上的幼虫、成虫及虫瘿为翌年的初次侵染源。线虫为害的根部易产生伤口，诱发根部病原真菌、细菌的复合侵染，加重为害。线虫于每年 6～9 月发生。主要在根内越冬，二龄及其他龄期的幼虫、卵和少量雌成虫均可越冬。土壤温度高于 10℃ 左右时，幼虫开始侵入根内，适宜温度为 25～30℃。一年可发生多代，该虫多在土壤 5～30 厘米处生存，其中 95％ 的线虫在表土 20 厘米以内。二龄幼虫在土壤中移动，由根冠上方侵入生长锥内，其分泌物刺激导管细胞膨胀，使根形成巨型细胞或虫瘤，其内的幼虫经发育为成虫后，即行交配、产卵，不断地繁殖。二龄幼虫离开卵块，进入土中进行再侵染。初侵染源来自病根和土壤，病苗也是重要的传播途径，同时，根结线虫病在地势较高、土质疏松、通气较好的沙土或沙壤土中发病重。在土质疏松的地里，90 厘米左右深处的根上仍有直径 2 厘米以上的根结，而黏重、紧密、通气性不良的低洼地发病较轻。

【绿色防控技术】

（1）农业防治。

①实行轮作：特别是水旱轮作效果最好，或者与韭菜、葱、蒜等作物进行套种。根结线虫适宜生存在湿润的土壤中，早春深翻土地、暴晒土壤，对根结线虫二龄幼虫的防治率可达 80％ 以上。预防为主，保护无病区。对于无根结线虫病的地区，杜绝从病区（块）调集蔬菜种苗，避免

施用带病残体或未腐熟肥料。种植短季速生蔬菜诱集幼虫或实行轮作。对重病棚室改种耐病的韭菜、辣椒、甘蓝等蔬菜，也可改种生菜、菠菜、芫荽等生长季节短且易感染线虫的绿叶菜，引诱土壤中线虫进入速生菜根内，收获后带出田外，集中销毁。这样可减少土壤中线虫数量，减轻对下茬作物的为害。菊科中万寿菊对线虫免疫或高抗，与万寿菊轮作效果也很好。

②彻底清除病残体：番茄、黄瓜等拉秧时，尽量将根全部挖出。彻底清除棚室内外病残体，集中进行销毁，决不可用于沤肥。

（2）生物防治。

①采用抗线品种和嫁接技术：目前有些省份番茄生产上选用的抗线虫品种主要有罗蔓（RO-MAN）、FA-593、FA-1420 等。这些抗线虫品种较贵，为了节约成本，可采用多茎嫁接的方法，即以抗病品种为砧木，以常规品种为接穗，通常一个砧木可嫁接 2～4 株接穗。

②生物制剂防治：杀线虫的生物制剂主要是阿维菌素类乳油，主要施用方法有土壤处理和穴施。土壤处理：育苗和定植前用 1.8％阿维菌素

乳油1毫升/米² 加一定量的细土拌匀，均匀撒于苗床或定植畦内，然后用四齿耙刨土混拌2次；或按1毫升/米² 药量，将药剂稀释成1 000～2 000倍液，均匀喷洒于小区内，混拌后定植无虫苗。穴施：定植时用1.8%阿维菌素乳油1 000倍液浇定植穴。

③甲壳类物质应用技术：在土壤中加入海洋生物的甲壳类物质（主要是甲壳素），也可有效降低根结线虫的数量。目前生产上使用较多的产品为氨基寡糖素水剂。

④采用生物反应堆技术防治：利用秸秆发酵产生高温杀菌灭虫的方法可有效减轻线虫为害。具体方法：利用6月下旬到7月下旬高温时段，棚室内按种植作物行距开深30厘米、宽40厘米的沟，每亩集中往沟内施3 000～4 000千克麦秸或玉米秸、50～60千克碳铵、5～6米³ 鸡粪及部分表土，培成垄，覆地膜后灌透水，并盖严棚室薄膜，使秸秆发酵，以达灭菌、灭虫、改土的效果。据报道黄瓜根结线虫秸秆发酵处理区防效可达73.3%。

(3) 物理防治。

①高温闷棚：利用 6 月中旬至 7 月下旬温室、大棚高温闲置季节，在棚室作物收获以后，立即彻底挖除根茬，集中销毁或深埋。然后每亩用氰氨化钙 50～100 千克均匀撒在土壤表面，再撒上长 4～6 厘米的碎麦秸 600～1 300 千克，翻地或旋耕深度 20 厘米以上。起垄，垄高 30 厘米，宽 40～60 厘米，垄间距离 40～50 厘米。覆地膜，四周用土封严。膜下垄沟灌水至垄肩部（灌水量 100～150 千克/米^2）。要求 20 厘米土层内温度达 40℃，维持 7 天，或 37℃维持 20 天。处理期间阴雨天多时适当延长覆膜时间，揭膜后翻地凉透。

②烧烤灭虫：夏季休闲期，将土壤深翻后铺 15～20 厘米厚的麦糠或高粱壳，四周压上细软的柴禾并点燃，保持暗火慢慢燃烧，发现明火压灭。一个棚室需 4～5 天的燃烧处理即可。这样可使 20 厘米土层温度达到 70℃以上，足以杀死线虫。处理后要及时施入经过消毒、充分腐熟的有机肥，以补充和恢复土壤中的有机质和有益微生物。

（4）**药剂防治**。土壤熏蒸对线虫的防效显著，其中较好的熏蒸剂是威百亩、棉隆，一般可处理 20 厘米左右厚的表土层。同时，这些熏蒸剂都是灭生性的，可以杀死土壤中的线虫、病菌、杂草，但同时也杀死土壤中的有益微生物。在蔬菜定植前 20 天，可每亩用 10％噻唑磷颗粒剂 1～1.5 千克开沟撒施。成株期发病，应首选生物药剂防治。化学防治要尽量选用高效低毒残效期短的药剂，可选用 50％辛硫磷乳油 1 000 倍液灌根，每株灌 300～500 毫升。

四、灰霉病

【**为害对象**】该病寄主广泛，可为害番茄、茄子、青椒，也可为害黄瓜、菜豆、莴笋、莴苣、芹菜和草莓等作物。

【**病原**】灰霉病属于真菌性病害，病原为半知菌亚门葡萄孢属的灰葡萄孢（*Boteryeis cinerea*）。

【**症状识别**】花、果、叶、茎均可感病。叶片发病多由小叶顶部开始，沿支脉之间成楔形发展，由外及里，初为水渍状，病斑展开后呈黄褐色，边缘有深浅相间的纹状线，界限分明。青果由残留的花瓣、柱头或花托侵染发病，分别向果实和果柄扩展。病斑沿花托周围逐渐蔓延至果面，致整个果面呈灰白色，果实上部覆盖形成较厚的灰色霉层，呈水腐状。从脐部发病的病斑呈灰褐色，边缘有一深褐色的带状圈，界限分明。刚形成的幼果可受害，但病情不再扩展，果实可继续完成发育，成熟时形成直径约 1 厘米的圆形斑点，外缘淡绿色，中央银白色，严重的可致果实畸形。茎部感病最初呈水渍状小斑点，向上、下扩展后，变成长圆形或条状病斑，浅褐色。潮湿时表面生有灰色霉层，严重时病斑呈灰褐色，病部以上枝叶枯萎死亡。

【侵染循环与发病规律】 病残体可通过土壤传播，分生孢子借助气流、雨水、灌溉水、棚室滴水和农事操作等传播，在低温高湿条件下萌发芽管，由寄生开败的花器、伤口、坏死组织侵入，也可由表皮直接侵染引起发病。分生孢子抗旱力强，在自然条件下，经 138 天仍然具有生活力。

温暖湿润是灰霉病流行与为害的主要条件。病菌发育最低温度为 4℃，最高为 30～32℃，20～25℃为最适温度范围，湿度 95％以上易发病，产生分生孢子与孢子萌发的适温均为 21～23℃。

【绿色防控技术】

（1）农业防治。精耕细作，合理密植，合理施用氮肥，及时放风排湿，施用农家肥确保腐熟，及时清除病株及发病组织，集中高温堆沤或深埋。防止整枝、蘸花过程中传病。

（2）生物防治。发病期可施用 10％多抗霉素可湿性粉剂每亩 100～140 克、0.3％丁子香醇可溶性液剂每亩 85.8～120 克、1 000 亿孢子/克枯草芽孢杆菌每亩 40～60 克，喷雾，10～15 天喷 1 次，连续喷 2～3 次。

（3）药剂防治。移栽前喷 50％多菌灵可湿性粉剂 500 倍液，或 50％腐霉利可湿性粉剂 2 000倍液 1 次。定植后结合蘸花施药，在蘸花用稀释液里，加入 0.1％的 50％异菌脲可湿性粉剂或 50％多菌灵可湿性粉剂。灌催果水前或初发病时可选用 50％腐霉利可湿性粉剂2 000倍液、

50％异菌脲可湿性粉剂1 500倍液、70％甲基硫菌灵可湿性粉剂1 000倍液、50％多菌灵可湿性粉剂500倍液等。具有封闭条件的大棚和温室，可以施用烟雾剂，45％百菌清烟雾剂或10％腐霉剂烟雾剂，每次每亩250克；3％噻菌灵烟雾剂每100米³50克，于傍晚分几处点燃后，封闭大棚或温室过夜。

五、白粉病

【为害对象】该病寄主广泛，可为害黄瓜和茄子等，也可为害小麦、大麦、黑麦、燕麦等麦类作物。

【病原】茄果类蔬菜白粉病的病原菌主要为粉孢属（*Oidium*）真菌。

【症状识别】白粉病发生在叶、嫩茎、花柄及花蕾、花瓣等部位，初期为黄绿色不规则小斑，边缘不明显。随后病斑不断扩大，表面生出白粉斑，最后长出无数黑点。染病部位变成灰色，连片覆盖其表面，边缘不清晰，呈污白色或淡灰白色。受害严重时叶片皱缩变小，嫩梢扭曲畸形，花芽不开。比如茄子白粉病主要为害茄子叶片。发病初期，叶面出现不规则褪绿黄色小斑，叶背相应部位则出现白色的小霉斑，以后病斑数量增多，白色粉状物日益明显而呈白粉斑。白粉状斑可相互汇合，扩展后遍及整个叶面，严重时叶片正反面全被白粉覆盖，最后使叶组织变黄干枯。而黄瓜白粉病，俗称白毛，系常发性病害，是黄瓜中后期的主要病害之一。先在下部叶片正面或背面长出小圆形白粉状霉斑，逐渐扩大，厚密，不久连成一片。发病后期整个叶片布满白粉，菌丝老熟后变灰白色，最后叶片呈黄褐色干枯。茎和叶柄上也产生与叶片类似的病斑，密生白粉霉斑。在秋天，有时在病斑上产生黄褐色小粒点，后变黑色，即有性世代的子囊壳。此病在叶片布满白粉，发病初期霉层下部表皮仍保持绿色，与其他叶部病害容易区别。

【侵染循环与发病规律】白粉病是茄果类蔬菜常见的病害之一，各个地区都有发生，保护地发病明显重于露地。温暖、雨天多的年份，茄子发病严重。发病严重时，叶片正反面全部被白粉覆盖。病菌主要以闭囊壳在病残体上越冬，第2

年条件适宜时，放射出子囊孢子进行传播，进而产生无性孢子扩大蔓延，引起白粉病流行。发病温度范围为 16～24℃。黄瓜白粉病以闭囊壳随病残体留在地面上越冬。南部地区和温室中病菌以菌丝体在病株活体上越冬。子囊孢子和分生孢子主要以气流传播，萌发产生出芽管直接侵入寄主体内。田间相对湿度大，温度在 16～24℃时，此病易流行；密度过大，光照不足，氮肥过多，徒长苗易发病。

白粉病流行的条件主要有两个，一是大面积种植感病品种，二是适宜的环境条件。一般在蔬菜密度偏大、施氮肥过量的情况下，植株衰弱，田间湿度大，发病往往较重。该病一般在 3 月底至 4 月初出现发病中心，4 月中旬后随气温逐渐回升，病株率迅速增加，在适宜的条件下导致大流行。

【绿色防控技术】

(1) 农业防治。

①合理密植，避免过量施用氮肥，增施磷、钾肥，防止徒长。注意田间通风透光，降低空气湿度。栽培抗病品种，一般抗霜霉病的品种也抗

白粉病，栽培上可选择叶片厚实的品种。

②播种前先在阳光下晒种 2～3 天，以杀灭表皮杂菌，随后用 55℃温水浸种 15 分钟，温度下降至常温后继续浸种 4～6 小时，再做消毒处理，播种前用新高脂膜拌种，驱避地下病虫，加强呼吸强度，提高种子发芽率。

③加强栽培及肥水管理，增施磷、钾肥，随时保持土壤湿润，在开花前、幼果期、果实膨大期喷洒壮瓜蒂灵使瓜蒂增粗，强化营养输送量，增强植株抗逆性，促进瓜体快速发育，使瓜型漂亮，汁多味美。

④当发现中心病株时，要及时喷洒药剂加新高脂膜形成保护膜，隔离病原菌，防止病菌借风雨再次传播。

(2) 药剂防治。 在发病初期及时喷药，可喷 15％三唑酮可湿性粉剂 1 500 倍液，或 75％百菌清可湿性粉剂 600 倍液，或 2％嘧啶核苷类抗菌素水剂 200 倍液，或 2％武夷菌素水剂 200 倍液，或 20％抗霉菌素 200 倍液，或 40％多·硫悬浮剂 500 倍液，或 30％氟菌唑可湿性粉剂 2 000倍液，或 10％多抗霉素 1 000～1 500 倍液，

或 12.5％烯唑醇可湿性粉剂 2 000 倍液，或
40％敌唑铜可湿性粉剂 2 500 倍液等药剂防治。
每隔 5～7 天喷 1 次，连续防治 2～3 次。每 20～
30 毫升乙嘧酚·醚菌酯升级精准复配（对照）
加水 15 千克。每 7 天喷药 1 次，喷药 2～3 次。
该药在白粉病单独发生地块或同时轻微发生霜霉
病的地块使用。注意在配药时不能和其他任何农
药或化肥混配，配药要用清水，渠水要经过沉淀
后才可配药。80％硫黄 40 倍液加 72％苯噻霜脲
氰可湿性粉剂 600 倍液喷雾，150 克硫黄加 100
克苯噻霜脲氰加水 60 千克，可同时防治白粉病
和霜霉病。

六、病毒病

【为害对象】主要为害辣（甜）椒、茄子、
番茄等。

【病原】为害茄果类蔬菜的病毒有很多种，
主要有黄瓜花叶病毒（*Cucumber mosaic virus*，
CMV）、烟草花叶病毒（*Tobacco mosaic virus*，
TMV）、蚕豆萎蔫病毒（*Broad bean wilt virus*，

BBWV)、马铃薯 Y 病毒（*Potato virus Y*，PVY）、马铃薯 X 病毒（*Potato virus X*，PVX）、菊轻斑驳病毒（*Chrysanthemum mild mottle virus*，CMM）、紫苜蓿花叶病毒（*Alfalfa mosaic virus*，AMV）、番茄斑萎病毒（*Tomato spotted wilt virus*，TSWV）。

【症状识别】病毒种类较多，田间常因多种病毒复合侵染而使症状表现复杂。可分为以下 4 种类型：

①花叶型：典型症状为病叶、病果出现不规则褪绿、浓绿与淡绿相间的斑驳，植株生长无明显异常，但严重时病部除斑驳外，病叶和病果畸形皱缩，叶明脉，植株生长缓慢或矮化，结小果，果难以转红或局部转红，僵化。

②黄化型：病叶变黄，严重时植株上部叶片全变黄色，形成上黄下绿，植株矮化并伴有明显的落叶。

③坏死型：包括顶枯、斑驳坏死和条纹状坏死。顶枯指植株枝杈顶端幼嫩部分变褐坏死，而其余部分症状不明显；斑驳坏死可在叶片和果实上发生红褐色或深褐色病斑，不规则形，有时穿

孔或发展成黄褐色大斑，病斑周围有一深绿色的环，叶片迅速黄化脱落；条纹状坏死主要表现在枝条上，病斑红褐色，沿枝条上下扩展，罹病部分落叶、落花、落果，严重时整株枯干。

④畸形型：表现为病叶增厚变小或呈蕨叶状，叶片皱缩。植株节间缩短，矮化，枝叶呈丛簇状。病果呈现深绿与浅绿相间的花斑，或黄绿相间的花斑，果面凸凹不平，病果易脱落。

【侵染循环与发病规律】 病毒病可随蚜虫传播，烟草花叶病毒可在土壤内的病残体上长期存活。田间流行主要因人手和工具的机械接触传染所致。马铃薯Y病毒既可以蚜虫传播，也可由机械接触传播。越冬也主要靠温室内的冬作蔬菜和多年生杂草进行。一般在高温干旱天气发病重，雨水充沛年份发病轻。蚜虫重的田块病毒病也重。幼苗期发病率高，过于密植的地块、通风不畅、植株徒长等都可加重病毒病。

【绿色防控技术】

（1）农业防治。 选用抗耐病品种。适时早播，早播种、早定植可使结果盛期避开病毒病高峰，种苗株型要矮而壮实。采用地膜覆盖栽培，既可提早定植，又可促进早发根，早结果。露地栽培应及时中耕、松土，促进植株生长。与高秆作物间作，可与玉米、高粱实行间作，高秆作物可为其遮阴，促进高产，又能有效地阻碍蚜虫的迁飞。及早防治传毒蚜虫。

（2）物理防治。种子消毒，种子先用清水浸种几小时，再用 10％磷酸三钠溶液浸泡 20 分钟，清水淘洗干净后再催芽播种。

（3）药剂防治。可用 0.1％硫酸锌、20％病毒 A 可湿性粉剂 500 倍液、1.5％植病灵乳剂 1 000倍液，也可应用卫星病毒 S52 防治黄瓜花叶病毒，用法是将弱毒病疫苗与 S52 稀释 100 倍，用每平方米 2～3 千克压力的喷枪喷雾，连续使用 3～4 次。

七、青枯病

【为害对象】 主要为害辣椒、茄子、番茄等。

【病原】 青枯病属细菌性病害，病原菌为茄劳尔氏菌（*Ralstonia solanacearum*）。

【症状识别】苗期一般不发病，往往在植株长至30厘米高时开始发病，感病后轻度萎蔫，植株顶部叶片萎蔫下垂，接着下部叶片凋萎，最后中部叶片凋萎，也有一侧叶片先萎蔫或整株叶片同时萎蔫的，地上部叶色较淡，后期叶片变褐枯焦。初发病时，病株白天萎蔫，早晚或阴天温度低时可恢复，如果萎蔫后傍晚不能恢复则成为重病植株，3天左右即全株死亡。死株叶片仍保持绿色，但色泽稍淡，病茎表皮粗糙，病茎外表症状不明显，下部增生不定根或刺状突起，湿度大时，可见1～2厘米水渍状斑块，纵剖茎维管束，可见维管束变为褐色，保湿后用手挤压病茎，有乳白色菌脓溢出。其症状有3个显著特点：一是植株叶色未绿时就萎蔫下垂，中午高温时更为明显；二是病害发展较急促，通常始病后7天左右就全株枯死；三是初期病株不易折断，死后叶片还发绿。

【侵染循环与发病规律】该病害传播途径有多种，土壤和根系是主要的传播途径，也可以通过雨水、灌溉水、农业操作、繁殖材料、农具以及家畜等将病菌带到无病的田块或健康的植株上。

茄劳尔氏菌是一种土壤习居菌，随着病株残留体在土壤中越冬，在病残体上营腐生生活，即使没有适当的寄主，也能在土壤中存活 1 年甚至更长的时间，成为主要初侵染源。病菌寄主范围较广，可侵染 50 多个科的数百种植物，其中为害较重的有辣椒、茄子、番茄等。病菌在土壤、病残体、其他寄主和以病株作饲料的牲畜粪便以及混有病株残体和带病杂草的土壤中越冬，成为病害的初侵染源；病菌也可在种子上越冬，并可随种子进行远距离传播。病菌主要从寄主的根、茎等伤口侵入导管内，并沿导管向上蔓延，当土温达 20℃时病菌开始活动，土温达 25℃时，病菌活动旺盛，当土壤含水量超过 25％时，在维管束内迅速繁殖，进行新陈代谢，阻塞或穿过导管侵入邻近的薄壁组织，阻碍养分运输，最终破坏整个输导器官，致使茎、叶因得不到水分的供应而萎蔫。此外还可以从侧根与主根之间的间隙侵入或者通过新生根系细胞间的间隙以及被侵染破坏的幼根表面细胞产生的孔洞直接进入。同时，病菌还分泌胞外降解酶，如果胶酶等，分解植物细胞的中胶层，导致寄主组织崩解腐烂，细菌分散于土壤中，通过流水、雨水或人畜、农具传播进行再侵染。

【绿色防控技术】

（1）农业防治。选用抗病品种。改良土壤，实行轮作，避免连茬或重茬，尽可能与瓜类或禾本科作物实行 5～6 年轮作，整地时施草木灰或石灰等碱性肥料 100～150 千克，使土壤呈微碱性，抑制病原菌的繁殖和发展。改进栽培技术，提倡用营养钵育苗，做到少伤根，培育壮苗，提高寄主抗病力。雨后及时疏松，避免漫灌。

（2）生物防治。定植时用颉颃菌 NOE～104 和 MA～7 菌液浸根，对青枯病菌侵染具有抑制作用。还可用 0.1 菌落形成单位/克多黏类芽孢杆菌细粒剂 300 倍液浸种，或每亩 1 050～1 400 克灌根。

（3）药剂防治。进入发病阶段，预防性喷淋 14%络氨铜水剂 300 倍液或 77%氢氧化铜可湿性微粒粉剂 500 倍液，隔 7～10 天 1 次，连续防治 3～4 次，或 50%敌枯双可湿性粉剂 800～1 000 倍液灌根，隔 10～15 天 1 次，连续灌 2～3 次。

八、枯萎病

【为害对象】主要为害辣椒、青椒、番茄和茄子等。

【病原】枯萎病为真菌性病害，为害番茄的为半知菌亚门镰孢属的尖镰孢番茄专化型（*Fusarium oxysporum* f. sp. *lycopersici*）；为害辣椒的为尖镰孢辣椒专化型（*Fusarium oxysporum* f. sp. *vasinfectum*）；为害茄子的为尖镰孢茄专化型（*Fusarium oxysporum* f. sp. *melongenae*）。

【症状识别】发病初期接近地面的叶片变黄，随后变褐枯死，但不脱落。病叶逐渐向上蔓延，有时植株一侧枯萎，一侧正常。严重时，整株萎蔫至枯死，剖开病株茎基部，可见维管束变为褐色，区别于其他原因造成的植株萎蔫。空气潮湿时，病部表面可产生粉红色霉状物，即病菌的分生孢子及分生孢子梗。

【侵染循环与发病规律】病原菌经土壤或随灌溉水、昆虫等传播蔓延，种子亦可带菌。病菌可从根毛、幼根及伤口侵入。

病原菌在土壤温度为28℃时易侵染植株而发病，病菌发育适宜温度为24～28℃。土壤板结、透水性差、及有根结线虫为害的伤口，枯萎病加重。

【绿色防控技术】

（1）农业防治。选用未种植过病菌寄主的土壤做苗床，从无病植株上选留种子，选择抗病品种，实行与葱蒜类蔬菜3～4年轮作。基肥要充分腐熟，撒施均匀，使用鸡粪对枯萎病有预防效果。

（2）药剂防治。用种子重量0.3％～0.5％的50％克菌丹可湿性粉剂拌种，进行种子消毒和苗床土壤处理。在初见病株时，用50％多菌灵可湿性粉剂或50％苯菌灵可湿性粉剂500～1 000倍液，灌注植株根部周围土壤，每株灌药液300毫升，每隔10天左右灌1次。

九、细菌性斑点病

【为害对象】主要为害番茄、杨桃等瓜果。

【病原】 番茄细菌性斑点病病原为丁香假单胞菌番茄致病变种 [*Pseudomonas syingae* pv. *tomato* (Okabe) Young, Dye & Wilkie]，属薄壁菌门假单胞菌属。菌体呈短杆状，大小为 (0.5~1.0) 微米×（1.5~5.0）微米，有一至数根极生鞭毛，无荚膜，无芽孢，革兰氏染色阴性。

【症状识别】 主要为害叶片，也能为害茎、果实和果柄，苗期和成株期均可染病。叶片染病，由下部老熟叶片先发病，再向植株上部蔓延，发病初始产生水渍状小圆点斑，扩大后病斑暗褐色，圆形或近圆形，将病叶对光透视时可见病斑周缘具黄色晕圈，发病中后期病斑变为褐色或黑色，如病斑发生在叶脉上，可沿叶脉连续串生多个病斑，叶片因病致畸。茎染病，初始产生水渍状小点，扩大后病斑暗绿色，圆形至椭圆形，病斑边缘稍隆起，呈疮痂状。果实和果柄染病，初始产生水渍状小斑点，稍大后病斑呈褐色，圆形至椭圆形，逐渐扩大后病斑转成黑色，中央形成木栓化疮痂。苗期染病，主要发生在叶片上，产生圆形或近圆形暗褐色斑，周缘具黄色晕圈。

本病区别于细菌性疮痂病的是果实不腐烂，茎秆、叶片发病，维管束系统、木质部不变褐色。

【侵染循环与发病规律】病原菌主要以种子越冬，这是向新菜区传播的主要途径，播种带菌的种子，幼苗期即可染病。此外病菌也可随病株残余组织遗留在田间越冬，病菌在干燥的残余组织内可长期成活，并成为翌年初侵染源。田间发病后，病原菌通过雨水反溅、雨露或保护地棚内浇水等传染途径，在植株表面具水滴或水膜的条件下，从植株自然气孔或伤口侵入，在寄主的薄壁组织细胞间隙繁殖蔓延，破坏寄主细胞并进入细胞内，在田间进行多次重复再侵染，加重为害。

病原菌喜温暖潮湿的环境，适宜发病的温度范围为 $18 \sim 28℃$；最适发病环境为温度 $20 \sim 25℃$，相对湿度 90% 以上；最适感病生育期为育苗末期至定植坐果前后。发病潜育期 $7 \sim 15$ 天。$15℃$ 以下、$30℃$ 以上基本不发病，病菌生长发育最适温度 $27 \sim 30℃$。逢春雨、梅雨及台风季节，该病发生更为严重，病菌通过风雨传播，经由气孔侵入，风雨及整枝修剪造成的伤口将加速该病的蔓延。3~4 月开始发病，5~6 月发病最为严重。

【绿色防控技术】

(1) 农业防治。

①选种：从无病留种株上采收种子，选用无病种子。

②种子处理：引进的商品种子在播前要做好种子处理，可用 55℃温汤浸种 10 分钟后移入冷水中冷却，捞出晾干后催芽播种。

③茬口轮作：重发病田块提倡与其他作物实行 2~3 年轮作，以减少田间病菌来源。

④加强田间管理：开好排水沟，以降低地下水位，合理密植，适时开棚通风换气，降低棚内湿度，增施磷、钾肥，提高植株抗病性，浇水要用清洁的水源。

⑤清洁田园：发病初期及时整枝打杈，摘除病叶、老叶，收获后清洁田园，清除病残体，并带出田外深埋或销毁，深翻土壤，保护地灌水闷棚，高温高湿可促使残余组织的分解和腐烂，降低病原菌的存活率，减少再侵染菌源。

（2）药剂防治。在发病初期开始喷药，每隔7～10天喷药1次，连续防治2～3次。药剂可选47%春雷霉素·王铜可湿性粉剂600～800倍液（每亩用药量125～165克），72.2%霜霉威水溶性液剂700倍液（每亩用药量130克），3%中生菌素可湿性粉剂600～800倍液（每亩用药量125克），30%DT可湿性粉剂600倍液（每亩用药量165克），77%氢氧化铜可湿性粉剂700倍液（每亩用药量130克）等。

十、绵疫病

【为害对象】可为害番茄、茄子、黄瓜等茄果类作物。

【病原】番茄绵疫病为辣椒疫霉（*Phytophthora capsici* Leonian），属卵菌门疫霉属。

【症状识别】绵疫病主要为害果实，但茎、叶等植株各个部位亦可受害。只要条件适合，任何生长期的果实（不论幼嫩果实或成熟果实）均可受害。果实的任何部位均可染病，初发病时在近果脐或果肩部出现表面光滑的淡褐色、湿润状、不定形的病斑，迅速向四周扩展，显出深褐色和浅褐色的轮纹，最后病斑覆盖大部分甚至整个果实表面，果肉腐烂变褐。湿度大时，病斑上长出许多白色絮状霉层，为病菌的菌丝、孢囊梗和孢子囊。叶片染病亦可产生深褐色不定形病斑，多从叶缘先发病，迅速扩展至全叶变黑枯死、腐烂，潮湿时亦长出白色霉层。

【侵染循环与发病规律】病菌的卵孢子经安全越冬后，在来年植株生长期，通过雨水溅击或灌水传播到近地面的植株、叶片或果实上，从表皮直接侵入或由伤口处侵入。病斑上产生的游动孢子借助风雨或水流进行再传播侵染。周而复始，扩大侵染流行。秋后在病组织中形成卵孢子随病残体组织在土中越冬。

该病的发生适宜温度范围很广，8~40℃均可发病。最适宜病菌发育、流行的气候条件是温度25~35℃、相对湿度85%以上。实践中，在茄子整个生长结果期间，气温较易满足病菌生长流行的需求，因此影响该病发生早晚、轻重、流行程度的决定性因素主要是湿度。在适宜的气候条件下，病菌经1~3天繁殖即可再侵染茄果。

在夏季雨季，田间湿度大，特别是时晴时雨的梅雨天或高温闷热天气，以及暴风雨后突然放晴有利于该病的发生与流行。一般在大雨后的 2～3 天，绵疫病往往呈现田间发病流行高峰。各年度间发病程度存在较大差异，发病重且早、损失大的年份往往雨季出现早、雨日与雨量均多。各地发病时间也因气候不同有明显差别。南方地区常在 5～6 月的梅雨季节及 8～9 月发生流行，所以春茄子易遭受严重危害；北方地区则在 7～8 月的雨季时易发生流行。

【绿色防控技术】

（1）选用适宜的抗病品种。种植抗病或耐病品种是预防绵疫病发生流行的重要措施之一。抗病性在茄子品种间有明显差异，圆茄种类一般比长茄种类有抗性；厚皮种类一般比薄皮种类有抗性；早熟种类一般比晚熟种类有抗性。抗病或耐病性较好的品种有布利塔茄、湘茄 4 号、宁茄 8 号、兴城紫圆茄、长野狼茄、北京九叶茄、辽茄 3 号、黑骠茄等。

（2）壮苗定植。有条件的地方可采用有机基质穴盘育苗。培育的秧苗不仅根系发达，抗病性强，还能避免苗床、育苗营养土带菌问题。减少病菌侵染概率。定植时坚持选用健壮茄苗，不用病残茄苗，移栽时尽量带土少伤根，不给病菌侵染的机会。茄苗健壮标准：茄株高度 17～20 厘米，茎秆粗度 0.8～1 厘米，节间长 1.3～1.5 厘米。真叶有 7～8 片，叶片深绿色且大而厚。叶间展开度大于株高，生有即将开放的大花蕾，根系呈白色。

（3）实行换茬轮作。与非茄科作物如十字花科、豆科、葫芦科等实行 2 年以上轮作，忌重茬。秋冬深翻土层进行冷冻晒垡。选择地势较高、排灌方便、沙质壤土地块种植。土地要平整，雨季注意及时排水，做到雨后无积水。

（4）提倡地膜覆盖栽培及合理密植。覆盖地膜可有效阻止土中病菌飞溅传播到茄子上，并利用日光增温进行高温灭菌及控制杂草生长。依各地自然条件，可选用深沟窄高畦或半高畦栽培方式，沟渠一定要保持通畅，便于田间排水降湿。茄子种植密度要适宜，株行距一般为 50 厘米×60 厘米，每亩种植 2 200～2 500 株。种植太密，田间通透性不良，茄株生长软弱，易感病。

（5）加强田间管理。基肥中农家肥必须经充分腐熟后再施用，磷、钾肥应适当增施，追肥要及时。水分管理切忌大水漫灌。在茄子定植时应浇足穴水，蹲苗时适当控水，缓苗后浇水要湿干相见，有利于提高植株抗病力。可采用滴灌等灌溉方式，防止病菌随灌溉水传播。为防止茄株侧倒触及地面，可插竹竿绑定茄株，及时摘除茄株下部老叶，门茄坐果后适时打掉门茄以下侧枝，改善田间通风透光条件，有利于降低田间相对湿度，促进植株健壮生长。刚发病时要随时去除病叶或病果。定期清洁田园的残株落叶，将病残体携带出田外集中深埋或销毁，以防病菌再次传播侵染。

（6）药剂防治。田间叶片开始发病或出现中心病团时，应立即施药。番茄果实"白肩"时，应及时施药预防。可选用58%甲霜灵·锰锌可湿性粉剂500倍液、40%三乙膦酸铝可湿性粉剂400倍液、80%百菌清可湿性粉剂500倍液、64%杀毒矾可湿性粉剂500～600倍液、72.2%霜霉威水剂500～600倍液、68%精甲霜·锰锌水分散粒剂500倍液、80%烯酰吗啉可湿性粉剂

800 倍液、72％霜脲氰・代森锰锌可湿性粉剂 500～600 倍液、52.5％噁唑菌酮・霜脲氰水分散粒剂 600 倍液、68.75％氟吡菌胺・霜霉威悬浮剂 600～700 倍液等喷雾。以上药剂可任选一种，5～7 天喷 1 次，连喷 2～3 次。为延缓抗药性的产生，切忌长期单一施用某一种药剂，应多种药剂交替使用。茄子定植前以 50％克菌丹可湿性粉剂 500 倍液喷撒苗床，定植缓苗后，以 70％代森锌可湿性粉剂 500 倍液喷洒保护，发病初期可选用以下药剂：75％百菌清可湿性粉剂 500～600 倍液，72.2％霜霉威水剂 700～800 倍液，50％甲基硫菌灵可湿性粉剂 800 倍液等，一般每隔 7～10 天喷 1 次，连喷 3～4 次。

十一、褐纹病

【为害对象】为害茄子、荷花和莲藕等茄果类蔬菜和经济作物。

【病原】褐纹病菌是茄褐纹拟茎点霉［*Phomopsis vexans*（Sacc. et Syd.）Harter］，属无性型真菌拟茎点霉属。

【症状识别】

①苗期症状：主要表现为近地面茎基部产生褐色至黑褐色梭形或椭圆形病斑，稍微凹陷并收缩。当病斑环绕茎后，病部萎缩。致使幼苗猝倒死亡；幼苗稍大时，则造成立枯状，病部产生黑色小粒点。发病轻微的幼苗定植后病斑逐渐扩大，造成茎部上粗下细，呈棒槌状，遇风易折断倒伏，病部也有黑色小粒点。

②成株期症状：主要为害叶、茎及果实，一般近地面叶、茎、果实易受害。叶片受害，初为圆形褐色小斑点，扩大后呈圆形或近圆形病斑，中央呈灰白或浅褐色，边缘呈暗绿色，病斑上有黑色小粒点，排列成轮纹状，后期病斑扩大连片，常造成叶片干裂穿孔，脱落。茎多在基部受害，病斑纺锤形，边缘褐色，中央灰白色凹陷，再扩大为干腐溃疡斑，密生黑色小点，病斑环茎7天时，整株枯死。果实受害初呈现浅褐色圆形凹陷斑，后扩展为黑褐色，呈圆形或不规则形，上有明显斑纹，着生许多小黑点，后期病果落地腐烂或挂在植株上缩成僵果。

【侵染循环与发病规律】病原菌主要以菌丝

体或分生孢子器在土表的病残体上越冬，同时也可以菌丝体潜伏在种皮内部或以分生孢子黏附在种子表面越冬，一般可存活2年以上。若播种带菌种子，则引起幼苗猝倒和立枯，若土壤带菌则引起植株茎基部溃疡。病菌的成熟分生孢子器在潮湿条件下可产生大量分生孢子，分生孢子萌发后可直接穿透寄主表皮侵入，也能通过伤口侵染。病苗及茎基溃疡上产生的分生孢子为当年再侵染的主要菌源，然后经反复多次的再侵染，造成叶片、茎秆的上部以及果实大量发病。分生孢子在田间主要通过风雨、昆虫以及人工操作传播。病菌可在12天内入侵寄主，其潜育期在幼苗期为3～5天，成株期则为7天。种子带菌是幼苗发病的主要原因。土壤中病残体带菌多造成植株的基部溃疡，再侵染引起叶片和果实发病。此外，品种的抗病性也有差异，一般长茄较圆茄抗病，白皮茄、绿皮茄较紫皮茄抗病。该病是高温、高湿性病害。田间气温28～30℃，相对湿度高于80%，持续时间比较长，连续阴雨，易发病。南方夏季高温多雨，极易引起病害流行；北方地区在夏秋季节，如遇多雨潮湿，也能引起病害流行，大棚设施栽培也易使病害流行。降雨期、降水量和高湿条件是茄褐纹病能否流行的决定因素。此外，苗床播种过密，田间地势低洼、土壤黏重、排水不良、栽植过密都会导致病害的发生。

【绿色防控技术】

(1) 农业防治。

①选用抗病品种：应综合考虑当时当地的生产情况，因地制宜选择合适的抗病品种和无菌种子进行种植。

②实行轮作：与非茄科蔬菜进行 2 年以上的轮作换茬，前茬最好是葱蒜类或豆类作物，与当年茄田保持一定的距离，防止病原菌传播。

③合理施肥：施用充分腐熟的有机肥，施足基肥。适时追肥，合理调整氮、磷、钾肥的施用比例，避免偏施氮肥，增施磷、钾肥，以增强植株的抗病能力。

④合理灌溉：选择地势平整、土层深厚、土质肥沃、排灌良好的沙壤土，并深沟高畦种植。苗期应在晴天隔行浅灌，以保持土温，生长后期应小水勤灌，畦面要见干见湿，雨季应及时排

水，防止田间积水，以降低田间湿度。

（2）药剂防治。

①种子处理：播种前，用 55℃ 温水浸种 15 分钟，或 50℃ 浸种 30 分钟，取出后立即冷却、催芽、播种。用 50％ 苯菌灵可湿性粉剂和 50％ 福美双可湿性粉剂与细土按照 1∶1∶6 混匀，用种子质量的 0.1％ 拌种。用 75％ 百菌清可湿性粉剂 800 倍液浸种，2 小时后捞出，用清水反复冲洗干净后晾干播种。定植后，在植株周围地面上撒施草木灰或熟石灰粉，能够降低发病率。

②土壤消毒：苗床选取无病净土，床上消毒方法为每平方米 50％ 多菌灵可湿性粉剂或 50％ 福美双可湿性粉剂 10 克拌细土 2 千克制成药土。播种时可先用 30％ 药土撒在苗床上铺垫，70％ 药土盖在种子上。

③发病后防治：发病后可用 50％ 异菌脲可湿性粉剂 600 倍液，或 25％ 嘧菌酯悬浮剂 2 000 倍液，或 75％ 百菌清可湿性粉剂 1 000 倍液，或 65％ 代森锌可湿性粉剂 500 倍液，或 50％ 代森锰锌可湿性粉剂 500 倍液，或 58％ 甲霜灵·锰锌可湿性粉剂 500 倍液，根据具体情况，每隔

5～7 天喷 1 次，交替使用不同药剂，共 2～3
次，防治效果较好。茎秆发病严重时可用波尔多
液（1：1：200）涂抹病部。喷药时茎（特别是
茎基部）、叶、果要喷施均匀。

十二、黄萎病

【为害对象】可以侵染番茄、茄子、青椒、
白瓜、甜瓜、秋葵、白菜、萝卜、蜂斗菜、土当
归、刺老芽、黄豆、菊、蔷薇等，寄主十分
广泛。

【病原】病原菌主要为大丽轮枝菌（*Verti-
cillium dahliae* Kleb）和黑白轮枝菌（*Verticil-
lium alboatrum*），属无性型真菌轮枝菌属。

【症状识别】最初，下部叶片局部萎蔫，叶
边上卷。过 2～3 天后，病部由黄白色转为黄色。
叶片边缘变色较多，以小叶脉为中心呈楔形。接
下来，变色部位逐渐扩大，整片小叶黄变，慢慢
褐变枯死。病害加重时，上部叶片也依次发病枯
死，并导致下部叶片慢性枯萎。因此，病株株高
降低、果实的坐果及生长明显受影响。剖检病株

叶柄，可见导管部有黄褐变。比如茄子黄萎病首先是由植株中、下部开始出现症状，发病初期，叶片叶缘及叶脉间褪绿变黄，随后逐渐变褐，且叶片边缘呈现向上卷曲，最后干枯脱落。茄子黄萎病发病初期，在晴天高温时病株萎蔫，早晚能够恢复。病情严重后就不能再恢复。有些植株从一侧枝叶表现出黄萎病症状，向上逐渐扩散，引起半片叶或半边叶片变黄，扭曲向一侧。剖开病株的根、茎、分枝和叶柄，可见褐变的维管束组织。挤捏各切面，并无乳白混浊液渗出。症状的主要类型有黄色斑块型、网状斑块型、萎蔫型、矮化型。

【侵染循环与发病规律】以菌丝或厚垣孢子在土壤中的病残体上越冬，翌年病菌从根部的伤口或直接从幼根表皮、根毛侵入后，引起发病，后蔓延到维管束、茎叶及果实和种子。

茄子（变黑轮枝菌）黄萎病病菌以菌丝、厚垣孢子随病残体在土壤中越冬，一般可存活 6～8 年。第二年从根部伤口、幼根表皮及根毛侵入，然后在维管束内繁殖，并扩展到茎、叶、果实、种子。当年一般不发生再侵染。因此，带菌土壤是本病的主要侵染源，带有病残体的肥料也是病菌的重要来源之一。病菌也可以菌丝体和分生孢子在种子内外越冬，带病种子是远距离传播的主要途径之一。病菌在田间靠灌溉水、农具、农事操作传播扩散。从根部伤口或根尖直接侵入。发病适温为19～24℃。茄子从定植到开花期，日平均气温低于15℃，持续时间长，或雨水多，或久旱后大量浇水使地温下降，或田间湿度大，则发病早而重。温度高，则发病轻。重茬地发病重，施未腐熟带菌肥料发病重，缺肥或偏施氮肥发病也重。

【绿色防控技术】

(1) 农业防治。防治茄子黄萎病比较困难，应采取农业防治为主，药剂防治为辅的综合防治措施。

①选用抗病品种：一般早熟、耐低温的品种抗黄萎病能力强。因地制宜选用耐黄萎病的品种；如辽茄1号、3号、4号，丰研1号；济南早小长茄，长茄1号，齐茄1号、2号、3号，龙杂茄2号，熊岳紫长茄，沈茄2号等。由无病植株留种，并进行药剂处理。药液浸种播种前用

50％多菌灵可湿性粉剂 500 倍液浸种 1～2 小时，然后催芽播种。

②嫁接防病：用托鲁巴姆、毛粉 802 等材料作砧木，防病效果较好。与葱、蒜等非茄科作物实行轮作，有条件的地方可实行水旱轮作。加强田间管理，合理施肥。

③甲醛高温闷棚灭菌：对连年种植茄子（番茄）的地块进行土壤消毒，利用塑料大棚的夏季休闲期，选择连续高温天气，土壤深翻后于傍晚用水浇透，第二天早上喷施 40％甲醛液。育苗苗床（营养钵）施药土防治，苗床整平后，每平方米用 50％多菌灵可湿性粉剂 5 克，拌细土撒施于畦面，再播种。

④施用 VA 菌根（*Glomus versiforme*）可减轻茄子黄萎病。

(2) 药剂防治。

①预防用药时期、稀释倍数及用药量。

a. 定植前或移栽时，使用 30％甲霜·噁霉灵 600 倍液或 38％噁霜菌酯 800 倍液蘸根或灌穴。

b. 移栽后，浇还苗水时，每 15 千克加 38％

噁霜菌酯 15 毫升＋蔬菜叶面肥 25 毫升进行穴
灌，每株用量 200～400 毫升。

c.坐果期，一般谢花 10 天左右，使用 38％
噁霜菌酯 15 毫升＋蔬菜叶面肥 25 毫升对水 15
千克，穴灌两次，间隔期 7 天，每株用量 300～
600 毫升。该时期同时进行地上部喷雾，效果
更好。

②使用 30％甲霜·噁霉灵 600 倍液或 38％
噁霜菌酯 30 毫升＋蔬菜叶面肥 25 毫升对水 15
千克，连灌 2 次，间隔时间 3～5 天。

十三、炭疽病

【为害对象】该病寄主广泛，可为害番茄、
茄子、青椒、黄瓜等，也可为害豆科作物以及芒
果、番石榴等。

【病原】炭疽病的病原菌为炭疽菌属（*Colletotrichum*）真菌，属无性型真菌。

【症状识别】炭疽病主要为害茄子果实，以
近成熟和成熟的果实发病为多。果实发病，刚开
始时在果实表面产生近圆形、椭圆形或不规则

形，黑褐色，稍微凹陷的病斑。病斑不断扩大汇合形成大型病斑，有时扩大到半个果实。后期发病部位表面密生黑色小点，潮湿时溢出赭红色黏质物。发病部位皮下的果肉微呈褐色，干腐状，严重时可以导致整个果实腐烂。

辣椒苗期和成株期均可被炭疽病菌侵染。辣椒炭疽病以果实发病为主，叶片发病较轻。若种子带菌苗期发病表现为须根少、出芽后腐烂、幼苗干枯萎蔫、子叶形成深褐色病斑或干枯等症状；叶片发病边缘为褐色水渍状斑点；果实发病形成轮纹、凹陷、坏死斑。发病严重时，整株果实 95% 以上染病。

不同炭疽病病菌引起的辣椒炭疽病症状有所区别：

①由胶孢炭疽菌（*C. gloeosporioides*）引起的辣椒炭疽病，叶部形成不规则形或近圆形斑点，直径 2～3 毫米，中央淡褐色，边缘褐色或暗褐色，具同心轮纹，上生小黑点（载孢体）；果实发病，形成圆形轮纹斑点，该病菌多侵染未成熟的绿色辣椒果实和有伤口的成熟红色果实，不侵染无伤口的成熟红色果实，潮湿时病斑上着

生橙黄色黏质小点，干燥时病部干缩变薄。

②由黑色炭疽菌（*C. nigrum*）引起的辣椒炭疽病，叶部初生水渍状病斑，圆形至近圆形，干燥后易破裂，上生轮生的小黑点（载孢体）；果实成熟时发病，病斑不规则形，褐色，稍凹陷，微具轮纹，上生小黑点。

③由辣椒炭疽菌（*C. capsici*）引起的辣椒炭疽病，叶部初生水渍状、暗绿色小病斑，渐变为近圆形、褐色或暗褐色斑，边缘呈黄色，干燥后易破裂，上生轮生的小黑点（载孢体）；果实发病，病斑不规则形，褐色，稍凹陷，微具轮纹，上生小黑点，病斑很像黑色炭疽病，但黑色炭疽病上着生的小点较大，颜色更黑。

④由尖孢炭疽菌（*C. acutatum*）引起的辣椒炭疽病，叶片上的病斑近圆形，中央灰白色，边缘汇合成大斑，上生小黑点（载孢体）；果实上的病斑圆形，淡褐色，水渍状，后期凹陷，上生粉红色黏粒。

【侵染循环与发病规律】病菌可在保护地温室、大棚内的旧架材上营腐生生活，保持其生活力。第二年，病菌在越冬器官上产生大量的分生孢子，经过雨水、流水或昆虫、农事活动的传播，侵入寄主引起发病。黏附在种子表面或潜伏在种子内的菌丝体，可直接浸入子叶引起幼苗发病。在适应发病条件下病斑上产生分生孢子盘及分生孢子，进行再侵染。

孢子产生需高温高湿的条件，田间发病的最适温度为 24℃ 左右，空气相对湿度 97％ 以上。低温多雨的年份病害严重，烂果多，气温 30℃ 以上，干旱，该病停止扩展。重茬地，地势低洼、排水不良，氮肥过多，植株隐蔽或通风不良，植株生长势弱的地块发病重。

【绿色防控技术】 炭疽病的防治，应根据当地生产特点，积极选取抗病品种，并结合农业栽培、种子处理、药剂防治等措施进行综合防治。

(1) 农业防治。 合理轮作，可避免连年种植造成病原菌积累，生产上应注意不能与其他茄果类、瓜类蔬菜等进行轮作，最好选择与大田作物如玉米等进行轮作；加强田间管理，高畦深沟种植便于浇灌（应保证灌溉水不被菌源污染）和排水，降低畦面和田间湿度；合理密植，选择适宜的种植密度至关重要，密度过高易导致田间通风不畅，湿度大，利于病害发生。田间一旦发现病果、病株，应及时摘除或拔除以防病害蔓延。采用高畦或起垄栽培，及时插杆架果，可减轻发病。从无病果上采种，一般种子应用 55℃ 温水浸种 15 分钟或 52℃ 温水浸种 30 分钟。合理施肥，避免偏施氮肥，增施磷、钾肥。适时适量灌水，雨后及时排水。

（2）选用抗病品种。选育并引进抗病品种是控制炭疽病最直接有效的途径。但由于缺少可用的抗病材料，到目前为止世界上育成抗炭疽病的商业化品种极少。

（3）药剂防治。炭疽病的防治应尽早发现、及时用药。田间防治炭疽病的药剂较多，甲氧基丙烯酸酯类（嘧菌酯）、三唑类（苯醚甲环唑）、咪唑类（咪鲜胺、咪鲜胺锰盐）、吡啶类（氟啶胺）、铜制剂（波尔多液、琥胶肥酸铜）、取代苯类（百菌清）等药剂均可有效防治茄果类炭疽病。田间防治炭疽病可使用 25% 咪鲜胺乳油 1 500～2 500 倍液，每隔 10～15 天喷雾 1 次，连续喷 2～3 次；或发病初期，每亩使用 250 克/升嘧菌酯悬浮剂 5～8 克，对水 60 升，即稀释

1 000～1 500 倍喷雾防治；也可使用 10％ 苯醚甲环唑水分散粒剂 750～1 000 倍液，或 50％ 咪鲜胺锰盐可湿性粉剂 1 000～1 500 倍液，或 70％ 代森锰锌可湿性粉剂 400～500 倍液，或 80％ 波尔多液可湿性粉剂 500～600 倍液，或 75％百菌清可湿性粉剂 600～700 倍液，发病初期喷雾使用，每隔 10～15 天喷雾 1 次，连续喷 2～3 次，可有效防治炭疽病。

第二部分
害　虫

一、棉铃虫

【为害对象】棉铃虫（*Heliothis armigera* Hubner）是番茄的主要蛀果害虫，寄主广泛，有250多种，主要有番茄、茄子、豆类、甘蓝、白菜、南瓜等蔬菜及棉花、烟草等作物。

【为害状】棉铃虫的主要为害方式是以幼虫蛀食蕾、花、果为主，也食害嫩茎、叶和芽。蕾受害时，苞叶张开，变成黄绿色，2～3天后脱落。幼虫喜食成熟果及嫩叶。1头幼虫一生可为害3～5个果，最多8个，严重地块，蛀果率可达30%～50%。花蕾及幼果常被吃空或引起腐烂或脱落，因蛀孔在蒂部，雨水、病菌进入易引起腐烂。棉铃虫造成果实大量被蛀和腐烂脱落成为减产的主要原因。

【生活习性】棉铃虫以蛹在土壤中越冬。越冬蛹第二年羽化，羽化多在夜间进行。成虫傍晚最活跃，多集中在花上吸食花蜜。雌成虫产卵有趋向花、花蕾和高大茂密植株上部的习性。在番茄上，卵散产于番茄的果实萼片、嫩梢、嫩叶的叶面上，每头雌蛾产卵100～500粒，一般100～200粒。

棉铃虫属喜温喜湿性害虫。成虫产卵适温为23℃以上，20℃以下很少产卵，幼虫发育以25～28℃和相对湿度75%～90%最为适宜。卵、幼虫和蛹的历期随温度的不同而异，卵发育历期15℃时为6～14天，20℃时为5～9天，25℃为4天，30℃为2天。幼虫发育历期20℃时为3天，25℃时为22.7天，30℃时为17.4天。蛹发育历期20℃时为28天，25℃为18天，28℃为13.6天，30℃为9.6天。

棉铃虫初孵化幼虫取食卵壳，然后取食嫩叶尖及小花蕾，被害部分残留表皮形成小凹点，二至三龄时吐丝下垂转株为害蕾、花、果。幼虫共有6个龄期，有假死和自残习性。

【绿色防控技术】

（1）农业防治。结合大棚温室管理灭卵灭

虫。番茄及时整枝打杈，把嫩叶、嫩枝上的卵及幼虫一起带出棚室外销毁或深埋，并及时摘除虫果。

(2) 物理防治。因成虫对黑光灯、新枯萎的杨树枝叶、草酸和甲酸有强烈的趋性，因此可用以诱集。

(3) 生物防治。在卵孵化盛期，每亩喷洒Bt 乳剂，HD-1 等生物制剂 200 克对棉铃虫有一定防治效果。或应用赤眼蜂防治棉铃虫，在棉铃虫产卵始、盛、末期释放赤眼蜂，每亩大棚、温室放蜂 1.5 万头，每次放蜂间隔期为 3～5 天。连续 3～4 次，卵寄生率可达 80% 左右。

(4) 药剂防治。应掌握在百株卵量达 20～30 粒时开始用药，尤其在半数卵变黑时为好，如百株幼虫超过 5 头，应继续用药。常用药剂和用量如下：50% 辛硫磷乳油 1 000 倍液或 40% 氰戊菊酯·杀螟硫磷乳油、氰戊菊酯·马拉硫磷乳油 2 000～3 000 倍液效果较好，不仅能杀幼虫，还有杀卵效果。

二、烟青虫

【为害对象】烟青虫（*Heliothis assulta* Guenee）属鳞翅目夜蛾科，主要为害甜椒、辣椒等蔬菜。

【为害状】以幼虫蛀食花、果为害，为蛀果类害虫。为害辣（甜）椒时，整个幼虫钻入果内，啃食果皮、胎座，并在果内缀丝，排留大量粪便，使果实不能食用。

【生活习性】在华北1年发生2代，以蛹在土中越冬；华南1年发生5代，以蛹在土中做土室越冬。成虫昼伏夜出，卵产于中上部叶片近叶脉处（前期）或果实上（后期），单产。成虫对萎蔫的杨树枝有较强的趋性，对糖蜜亦有趋性，趋光性弱。幼虫有假死性，可转果为害。成虫需吸食花蜜补充营养，有趋化性，产卵多在夜间，前期卵多产在寄主植物上中部叶片背面的叶脉处，后期多在果面或花瓣上。在辣椒的早熟品种上产卵少，幼虫蛀果率低，为害轻，而中晚熟品种植株叶色浓绿、生长好、现蕾早的田块产卵多，为害严重。初孵幼虫在植株上爬行觅食花蕾，二至三龄以后蛀果为害，多数蛀食蕾、花、果，少数取食嫩茎、叶、芽，在嫩果上钻蛀成孔，引起腐烂而致大量落果，还可转株转果为害，造成减产。

【绿色防控技术】

（1）农业防治。合理布局辣椒种植地块。四周以种植玉米、高粱等高秆非茄科作物为宜，尽量避免种植烤烟等作物。选栽抗逆性强的高产品种，根据当地栽培条件，选择抗逆性强的高产品种进行栽种。间作控害栽培，实施种子处理及苗床消毒，实行宽窄行栽培模式、合理密植等多种间作控害栽培技术，提高辣椒植株抗逆性。搞好田园清洁，及时清理落花、落果，并摘除蛀果，带出田外，进行深埋，以防幼虫再次转果为害，减少田间幼虫数量，减轻为害程度。科学肥水管理，实施科学肥水管理，使用无害化有机肥和符合国家标准的复混肥，禁止使用含激素的叶面肥。

（2）生物防治。选择对有益生物杀伤力低的生物源杀虫剂进行防治，保护和利用好有益生物及优势种群，减少化学农药施用次数及用药量。在卵孵化盛期，采用苏云金杆菌制剂、棉铃虫核型多角体病毒、杀螟杆菌制剂、青虫菌制剂、苦参碱、印楝素、鱼藤酮等进行防治。

（3）物理防治。

①频振式杀虫灯诱杀成虫：频振式杀虫灯每3.33～4.00公顷安装一盏，接口处离地面1.2～1.5米，每隔2～3天清理一次接虫袋，在诱杀高峰期，必须每天清理一次。

②性诱剂诱杀：成虫性诱剂每个控制面积为1亩，每个诱芯使用时间为20天左右。

③糖酒醋液诱杀成虫：糖酒醋液配制比例为酒1份、水2份、糖3份、醋4份，采用诱集器进行诱杀。诱集器自己制作，每亩设立5～6个。放置糖酒醋液的器皿，离地面高度1.5米左右。

（4）药剂防治。推广使用高效、低毒、低残留农药，科学、合理、安全用药。防治药剂每亩可用1.8%阿维菌素乳油12.5～15毫升、25%甲萘威乳油100～120毫升、2.5%三氟氯氰菊酯乳油15～20毫升、2.5%溴氰菊酯乳油20～25毫升或50%辛硫磷乳油60～70毫升进行喷雾防治，每 7 天喷施 1 次，连喷 2～3 次。注意各种农药交替使用。

三、桃蚜

【为害对象】桃蚜〔*Myzus persicae*（Sulzer）〕属同翅目蚜科。桃蚜是广食性害虫，寄主植物约有 74 科 285 种。桃蚜营转主寄生生活，其中冬寄主（原生寄主）主要有梨、桃、李、梅、樱桃等蔷薇科果树等；夏寄主（次生寄主）主要有白菜、甘蓝、萝卜、芥菜、芸薹、芜菁、甜椒、辣椒、菠菜等多种作物。桃蚜是甜椒栽培的主要害虫，又是多种植物病毒的主要传播媒介。

【为害状】成虫及若虫在叶片上刺吸汁液，造成叶片卷缩，变形，植株生长不良，影响包心；为害留种植株的嫩茎、嫩叶、花梗和嫩荚，使花梗扭曲，畸形，不能正常抽薹、开花、结实；此外，蚜虫传播多种病毒，造成的危害远远大于害虫本身。

【生活习性】华北地区 1 年发生 10 余代，南方则 1 年发生 30～40 代，可终年繁殖。世代重叠为害严重。大部分以受精卵在桃蚜叶腋上越冬，或以无翅胎生雌蚜在窖藏白菜或温室内越冬。在温室内，终年胎生繁殖，不越冬。来年 4 月桃树的越冬卵产生有翅蚜，迁飞至甘蓝、花椰菜等十字花科蔬菜上为害。桃蚜属迁移性害虫，桃树为越冬寄主。至 10 月下旬飞回桃树交配产卵越冬。桃蚜发育最适温度 24℃，高于 28℃时对发育不利。我国北方春、秋是两个高峰期。桃蚜对黄色、橙色有强烈趋性。

【绿色防控技术】

（1）物理防治。 早春通过园林浇水车强有力的水柱冲洗枝叶，既可控制桃蚜的快速繁殖，又有利于后期天敌的繁殖，产卵期摘除有卵叶片。黄板诱杀，应用黄板涂机油插于田间，高度为 60～80 厘米，春、秋季诱杀有翅蚜，可降低虫口密度。银膜避蚜，用银灰色薄膜地面覆盖忌避蚜虫，每公顷用膜约 75 千克；在苗床或棚室周围挂 5～15 厘米宽的银色薄膜条带，可收到较好的避蚜效果。

（2）生物防治。 保护和利用天敌，如蚜茧蜂、食蚜蝇、草蛉和瓢虫等。

(3) 农业防治。增施磷、钾肥，增强植株的抗虫能力。

(4) 药剂防治。大面积发生时，可喷洒80％敌敌畏乳油1 500倍液，或喷40％乐果乳油1 000倍液，或喷50％马拉硫磷乳油1 500倍液，或喷50％二嗪磷乳油1 000倍液，或喷50％辛硫磷乳油1 500倍液，或喷50％杀螟硫磷乳油1 000倍液，或喷40％乙酰甲胺磷乳油1 000倍液，或喷25％喹硫磷乳油1 000倍液，或喷25％亚胺硫磷乳油800倍液，或喷50％倍硫磷乳油1 500倍液，或喷50％抗蚜威可溶性粉剂2 000倍液，或喷2.5％溴氰菊酯乳油3 000倍液，或喷20％杀灭菊酯乳油4 000倍液，或喷10％二氰苯醚酯乳油5 000倍液，或喷10％氯氰菊酯乳油4 000倍液，或喷10％苄醚菊酯悬浮剂2 500倍液，或喷50％灭蚜松乳油1 500倍液，或喷21％氰戊菊酯·马拉硫磷乳油4 000倍液等。

四、茄螟

【为害对象】茄螟（*Leucinodes orbonalis* Guenee）属鳞翅目螟蛾科，主要为害茄子、龙葵、马铃薯、豆类等。

【为害状】以幼虫钻蛀为害茄子花蕾、花蕊、子房、嫩茎、嫩梢及果实，造成枝梢枯萎、落花、落果，影响产量。早期夏季为害茄果虽较轻，但花蕾嫩梢受害严重，造成减产；秋季多蛀食茄果，一个茄果内常有 3～5 头幼虫，茄果受害后果表面出现蛀孔，果内虫粪堆积，严重影响食用和商品价值，此虫为害茄子等常造成"十茄九蛀"。

【生活习性】在长江中下游 1 年发生 4～5 代，以老熟幼虫结茧在残株枝杈上及土表缝隙等处越冬。翌年 3 月越冬幼虫开始化蛹，5 月上旬至 6 月上旬越冬代羽化结束，5 月开始出现幼虫为害，7～9 月为害最重，尤以 8 月中下旬为害秋茄最烈。成虫白天不活动，多躲在阴暗处，受惊后在植株行间作 1～2 米低空飞行，在夜间活动极为活泼，可高飞，成虫趋光性不强，具趋嫩性。每头雌蛾产卵80～200粒，卵散产于茄株的上、中部嫩叶背面。幼虫为害蕾、花，并蛀食嫩茎、嫩梢及果实，引起枯梢、落花、落果及果实腐烂。秋季多蛀害茄果，一个茄子内可有3～5头幼虫；夏季茄果虽受害轻，但花蕾、嫩梢受害重，可造成早期减产。夏季老熟幼虫多在植株中上部缀合叶片化蛹，秋季多在枯枝落叶、杂草、土缝内化蛹。茄螟属喜温性害虫，发生为害的最适宜气候条件为20～28℃，相对湿度80%～90%，浙江及长江流域发生为害盛期为7～9月。

【绿色防控技术】

（1）农业防治。 加强田间管理，及时清除田间落花，修剪被害植株嫩梢，及时摘除被蛀果实，并带出田外集中深埋或烧毁处理，减少虫源。

（2）物理防治。 在茄子、豆类蔬菜面积较大的地区，于5～10月架设黑光灯、频振式杀虫灯等诱杀成虫。

（3）药剂防治。 选择在当地有代表性的类型田，定期抽样调查茄螟消长动态，掌握在茄螟卵孵始盛期及时喷药。选用高效、低毒、低残留药剂。可选用 20%阿维·杀单微乳剂 1 500 倍液或 0.36%苦参碱 1 000 倍液或 15%茚虫威与 25%灭多威混剂 4 000 倍液或 2.5%多杀霉素 1 000 倍液或 48%毒死蜱 1 500 倍液，交替轮换使用，严格掌握农药安全间隔期。喷药时一定要均匀喷到植株的花蕾、子房、叶背、叶面和茎秆上，喷药液量以湿润有滴液为度。

五、桃蛀螟

【为害对象】桃蛀螟（*Dichocrocis punctiferalis* Guenee）又名桃蠹、桃斑蛀螟，俗称蛀心虫、食心虫，属鳞翅目螟蛾科。寄主包括高粱、玉米、粟、向日葵、蓖麻、姜、棉花、桃、柿、核桃、板栗、无花果、松树等。

【为害状】幼虫孵化后多从果蒂部或果与叶及果与果相接处蛀入，蛀入后直达果心。被害果内和果外都有大量虫粪和黄褐色胶液。幼虫老熟后多在果柄处或两果相接处化蛹。

【生活习性】桃蛀螟 1 年发生 3～4 代，主要以老熟幼虫在干僵果内、树干枝杈、树洞、翘皮下、贮果场、土块下及玉米、高粱等秸秆、玉米棒、向日葵花盘、蓖麻种子等处结厚茧越冬。越冬代成虫4月下旬始见。成虫白天静伏于枝叶稠密处的叶背、杂草丛中，夜晚飞出活动，羽化、交尾、产卵，取食花蜜、露水以补充营养，对黑光灯有较强趋性，对糖醋液也有趋性。卵多散产在果实萼筒内，其次为两果相靠处及枝叶遮盖的果面或梗条上。发生期长，世代重叠严重。初孵幼虫啃食花丝或果皮，随即蛀入果内，食掉果内籽粒及隔膜，同时排出黑褐色粒状粪便，堆集或悬挂于蛀孔部位，遇雨从虫孔渗出黄褐色汁液，引起果实腐烂。幼虫一般从花或果的萼筒、果与果、果与叶、果与枝的接触处钻入。

【绿色防控技术】

(1) 农业防治。及时拣拾落果，摘除虫果，集中销毁，消灭果内幼虫，消灭虫源，清洁园内卫生，消除越冬幼虫，减少虫口基数，减轻虫害。5月上中旬在菜园周围种植向日葵或玉米等桃蛀螟喜食植物，为其提供充足的食源，然后将葵秸、葵盘或玉米秸秆及时集中销毁，避免为桃蛀螟提供繁殖场所，避免再度猖獗。

（2）物理防治。利用桃蛀螟的趋光性、趋化性，在园内设黑光灯诱杀成虫，利用糖醋液诱杀成虫和性引诱剂诱杀成虫。

（3）药剂防治。幼虫孵化初期，8月上旬至下旬，采用氯氰菊酯 1 000 倍液、25％灭幼脲 3 号悬浮剂、50％杀螟松乳油 1 000 倍液，进行树冠喷雾。7天喷 1 次，连喷 3 次，其杀虫效果均在 92％以上，防治效果明显。

六、烟粉虱

【为害对象】烟粉虱 [*Bemisia tabaci*（Gennadius）] 是一种世界性的害虫。原发于热带和亚热带地区，主要为害番茄、黄瓜、辣椒等蔬菜及棉花等作物。

【为害状】烟粉虱对不同的植物表现出不同的为害症状，叶菜类如甘蓝、花椰菜受害叶片萎缩、黄化、枯萎；根菜类如萝卜受害表现为颜色白化、无味、重量减轻；果菜类如番茄受害，果实不均匀成熟。烟粉虱有多种生物型。据在棉花、大豆等作物上的调查，烟粉虱在寄主植株上的分布有逐渐由中、下部向上部转移的趋势，成虫主要集中在下部，从下到上，卵及一至二龄若虫的数量逐渐增多，三至四龄若虫及蛹壳的数量逐渐减少。

【生活习性】成虫和若虫聚集在植株叶片背面，直接刺吸植物汁液造成危害；烟粉虱分泌蜜露落在叶面及果实表面，诱发煤污病，妨碍叶片光合作用，影响产量和外观品质，严重的引起叶片萎蔫，导致植株枯死；烟粉虱还能传播多种植物病毒，引起病毒病的大发生。

【绿色防控技术】

(1) 农业防治。培育无虫苗，育苗时要把苗床和生产温室分开，育苗前先彻底消毒，幼苗上有虫时在定植前清理干净，做到用做定植的棉苗无虫。注意安排茬口、合理布局 在温室、大棚内，黄瓜、番茄、茄子、辣椒、菜豆等不要混栽，有条件的可与芹菜、韭菜、蒜、蒜黄等间套种，以防粉虱传播蔓延。

(2) 物理防治。

①黄板诱杀：从苗期或定植期起使用，按5

米的间距摆放黄色黏虫板，黄板下端高于植株顶部 20 厘米为宜，隔 3～4 天更换 1 次。

②释放捕食螨（斯氏钝绥螨）：当作物移栽后，并未见害虫发生时立刻按照预防性方法释放；当作物已发生害虫时，按照害虫发生的轻重选择方法释放。

（3）药剂防治。可交替选用 240 克/升螺虫乙酯悬浮剂 2 000～3 000 倍液、5％啶虫脒乳油 1 500～2 000 倍液、10％烯啶虫胺可溶液剂 1 500～2 000 倍液、50％噻虫胺水分散粒剂 6 000～8 000 倍液、25％噻虫嗪水分散粒剂 2 000～3 000 倍液、25％噻嗪酮 1 000～1 500 倍液、1.8％阿维菌素 1 500 倍液喷雾，每种杀虫剂每年使用次数不超过 2 次。

七、斜纹夜蛾

【为害对象】斜纹夜蛾［*Prodenia litura* (Rabricius)］属鳞翅目异角亚目夜蛾科，异名 *Spodoptera litura* (Fabricius)，别名莲纹夜蛾，俗称夜盗虫、乌头虫等。世界性分布。中国除青海、新疆未明外，其他各省份都有发生。主要发生在长江流域的江西、江苏、湖南、湖北、浙江、安徽，黄河流域的河南、河北、山东等地。幼虫取食甘薯、棉花、芋、莲、田菁、大豆、烟草、甜菜和十字花科及茄科蔬菜等近300种植物的叶片，间歇性猖獗为害。

【为害状】 一般在植株中上部叶片反面，卵面有一层绒毛，卵在产后4～5天开始孵化，初龄幼虫取食下表皮及叶肉，二至三龄逐渐扩散为害，三龄以后即咬孔或从叶缘起开始取食，四至六龄是暴食期，叶片、花蕾、铃和花荚都可取食，有时植株吃得仅存叶脉，严重时可吃光全田叶片。

【生活习性】 卵多产于高大、茂密、浓绿的作物上，以植株中部叶片背面叶脉分叉处最多。初孵幼虫群集取食，三龄前仅食叶肉，残留上表皮及叶脉，叶片呈白纱状后转黄，易于识别。四龄后进入暴食期，多在傍晚出来为害。老熟幼虫在1～3厘米表土内筑土室化蛹，土壤板结时可在枯叶下化蛹。幼虫昼伏夜出，白天钻入土缝中或爬入草丛中、静伏叶层叠间，每到黄昏开始活动，天黑前四处爬动，黑夜大肆为害。成虫夜间活动，飞翔力强，一次可飞数十米远，高度达10米以上。

【绿色防控技术】以化学防治（注意防治时期和次数、防治标准、防治方法）为主，辅以农业防治（越冬虫源处理、轮作套种）、物理防治（灯诱、色板、防虫网等）、生物防治（以菌治虫、以虫治虫）以及抗虫品种的利用，进行综合防治。

(1) 农业防治。主要包括清除杂草，减少产卵场所以及摘除有卵块和初孵幼虫的叶片并集中消灭。产卵高峰期至初孵幼虫期，利用人工摘除卵块带出田外销毁，能起到降低田间基数，减轻发生程度的作用。对高龄幼虫密度较大的田块，利用人工捕捉，也能达到快速降低田间虫口基数，减轻为害的目的，还可结合采剪、耕作、施肥等技术。对有虫源的豆类等收获田块及时冬耕消灭越冬虫源，或结合抗旱在蛹期灌水淹蛹。斜纹夜蛾食性杂，喜食作物很多，而且高龄幼虫能较长距离地转株为害，因此可以间作套种作物来防治。

(2) 生物防治。利用生物及其产物控制斜纹夜蛾。包括传统的天敌利用和昆虫不育、昆虫激素、生防菌等。斜纹夜蛾的天敌有步行虫、蜘蛛、寄生蝇、广赤眼蜂、黑卵蜂、小茧蜂、线虫及鸟类。如草间小黑蛛雌成蛛、拟水狼蛛雌成蛛和叉角厉蝽二龄若虫对斜纹夜蛾一至二龄幼虫进行捕食。

(3) 物理防治。

①防虫网阻隔：有条件的蔬菜基地或菜农可选用网孔直径为 110～130 微米的白色或灰色防虫网，柱架立棚进行防治。

②杀虫灯诱杀：利用频振式杀虫灯诱杀成虫，每 150 米安装一盏。

③双性诱剂诱杀：通过太阳能 LED 双性光化诱虫器，每亩放置 3 个筒形诱虫器，可诱杀大量雄蛾及少量雌蛾，降低其交配率。

④糖醋液诱杀：用糖：醋：酒：水按 3：4：1.5：2 的比例进行配制。放入诱捕装置中进行诱杀。每隔 150 米^2 放置 1 盆，每隔 10 天换 1 次糖醋液。

(4) 利用抗虫品种。通过遗传育种的方法筛选出对斜纹夜蛾表现为抗性的种质资源，并将其育成品种。

(5) 药剂防治。加强虫情监测，选择卵孵化高峰期及二至三龄幼虫群集期进行喷药防治。药剂可选用1.8%阿维菌素乳油1 500倍液或20%高氯·辛乳油1 500倍液，于晴天早晚喷杀。根据斜纹夜蛾幼虫有喜食嫩叶的习性，可重点对苗心或叶球喷雾。此外，还必须掌握好喷药间隔期。喷药间隔期愈短蛀入叶球的幼虫比例愈小、虫龄愈低，施用药剂杀虫控害效果愈好，一般施药间隔适期以8天为好，连喷2次。

八、蓟马

【为害对象】蓟马（*Thrips*）属缨翅目蓟马科，寄主范围广泛，瓜蓟马又称棕榈蓟马、棕黄蓟马，主要为害节瓜、冬瓜、西瓜、苦瓜、番茄、茄子及豆类蔬菜。葱蓟马寄主达30种以上，主要为害葱、洋葱、大蒜等百合科蔬菜和葫芦科、茄科蔬菜及棉花等。稻蓟马寄主有稻、麦、游草、稗、看麦娘等，还可在玉米、高粱、甘蔗、烟草、豆类上寄生。西花蓟马是一种世界著

名的危险性害虫，其寄主范围广，食性杂，寄主
植物多达 500 余种，包括多种蔬菜、花卉、棉花
等重要经济作物，而且在其扩散过程中，其寄主
植物种类一直在持续增加，呈现明显的寄主谱扩
张现象。在姜上发生的蓟马多是黄蓟马。

【为害状】成虫、若虫以锉吸式口器取食心
叶、嫩芽、花器和幼果汁液，嫩叶嫩梢受害，使
花瓣或叶片产生斑点、畸形、扭曲，组织变硬缩
小，茸毛变灰褐或黑褐色，植株生长缓慢，节间
缩短，幼瓜受害，果实表皮产生伤疤，果实硬
化，瓜毛变黑，造成落瓜。蓟马还是多种植物病
毒的传播媒介。

【生活习性】蓟马一年四季均有发生。春、
夏、秋三季主要发生在露地，冬季主要在温室大
棚中，发生高峰期在秋季或入冬的 11～12 月，
3～5 月则是第二个高峰期。雌成虫主要进行孤
雌生殖，偶有两性生殖，极难见到雄虫。卵散产
于叶肉组织内，每雌产卵 22～35 粒。雌成虫寿
命 8～10 天。卵期在 5～6 月为 6～7 天。若虫在
叶背取食，到高龄末期停止取食，落入表土化
蛹。蓟马喜欢温暖、干旱的天气，其适温为

23～28℃，适宜空气湿度为 40%～70%；湿度过大不能存活，当湿度达到 100%，温度达 31℃时，若虫全部死亡。

【绿色防控技术】 由于蓟马具有发育历期短、寄主范围广和隐蔽为害的习性，且极易对杀虫剂产生抗性，因此单一的防治措施难以取得理想的控制效果，应采用以预防为主、综合防治的原则，协调利用农业、生物、物理、化学等措施对该虫进行综合治理。

（1）农业防治。由于蓟马具有广泛的寄主范围与越冬、越夏场所，因此清除田园残枝落叶与周围的杂草是有效控制田间初始种群数量的有效措施。在温室周围 5 米左右最好不种任何植物，保持 3 周，可将残存的若虫饿死。清除杂草也是防治蓟马的成功措施之一。此外，田间覆盖黑色地膜既可以提高地温，又可以阻止蓟马入土化蛹。间作亦是降低田间虫口密度的有效方法之一。此外，培育抗虫品种在害虫防治中具有重要的作用。一些研究表明，番茄、黄瓜、辣椒等不同品种对该虫的敏感性差异最大可达 76 倍。

（2）物理防治。有些蓟马对蓝色、黄色和粉红色具有较强的趋性，对蓝色趋性最强。通过悬挂有色黏板，可监测其种群发生动态，诱集成虫，减少产卵与为害。因此生产上常应用蓝色和白色黏卡（板）对其进行诱杀与测报。一般在2.4米处，蓝色、紫色、黄色和白色黏卡诱捕的蓟马数量最多，蓝卡诱捕的多为雌虫，而黄卡诱捕的多为雄虫。利用蓟马借助植物气味寻找寄主的特性，将烟碱乙酸酯和苯甲醛混合在一起制成诱芯在田间使用，能够准确预测蓟马的发生及为害时期，大量诱杀成虫。将茴香醛与上述两种化合物混合后制成黏板，防治大棚里的蓟马效果良好。紫外线能促进蓟马的繁殖，因而采用近紫外线不能穿透的特殊塑料膜做棚膜，可控制温棚里蓟马的增殖与为害。同样，高温也能控制蓟马的为害，可通过提高棚温防治蓟马。当大棚温度加热到40℃并保持6小时以上，蓟马雌成虫即全部死亡。因此，气压、高温可用于蓟马的检疫处理和防治。加盖防虫网是阻止蓟马进入温室最简单有效的措施，可减少农药使用量50%～90%。

（3）药剂防治。毒死蜱、甲基毒死蜱、马拉硫磷和喹硫磷的效果最好；昆虫生长调节剂灭幼脲、吡丙醚、氟虫脲等能够阻止幼虫蜕皮和成虫产卵，但作用速度较慢；而植物性杀虫剂如印楝素、烟碱、藜芦碱等对蓟马也有一定的防治效果。48％毒死蜱乳油、2.5％多杀霉素悬浮剂和0.3％印楝素乳油3种药剂对蓟马有很好的防治效果，可作为蔬菜上蓟马重发生时的应急防治药剂。

初春时，可用50％辛硫磷乳油以1∶500的比例，拌成毒土或毒沙，均匀撒施于表土层，然后浅耕，使药土混匀，可有效杀灭越冬虫口；在蓟马成虫、若虫发生期可用10％氯氰菊酯乳油1 000倍液、40％久效磷乳油1 000倍液、50％辛硫磷乳油1 000倍液、10％吡虫啉可湿性粉剂1 000倍液等药剂喷雾防治，交替使用，防止害虫产生抗药性；成虫盛发期，每隔5～7天于早晨或下午用50％敌敌畏烟剂熏蒸2小时，可杀死大量害虫。

（4）生物防治。 蓟马的自然天敌较多，主要有捕食螨、寄生蜂、寄生性真菌和昆虫病原线虫等。利用两种或多种天敌结合使用可提高对蓟马的控制作用。在植株上释放胡瓜钝绥螨或小花蝽可捕食其幼虫；在土壤中释放尖狭下盾螨或昆虫病原线虫可有效控制该害虫的蛹。这种组合防治方法比使用单一天敌的效果更好。

九、番茄瘿螨

【为害对象】番茄瘿螨（*Eriophyes Iycopersici* Wolff）又名番茄刺锈螨或刺皮瘿螨，属真螨目瘿螨科，是茄科蔬菜上近年发现的新害虫，主要为害番茄、辣椒、茄子、马铃薯等。

【为害状】多发生在植株生长中后期。嫩叶被害后，叶片反卷，皱缩增厚。被害叶片初期症状不明显，逐渐叶背出现苍白色斑点，表皮隆起，最后产生灰白色毛毡状物。老叶受害可不弯曲，但质地变脆，失去光泽。对被害叶切片观察，发现毡物区表皮细胞和部分栅栏组织细胞已被吸干或仅留少许残留物，大量叶细胞坏死。毡状物实为坏死细胞组织，寄主胶状分泌物和螨蜕的混合体。为害严重时，茎和果实硬化，呈淡褐色。

【生活习性】1年发生20代左右，世代重叠。温室4月起、大田5月中下旬至9月可见为害症状。为害盛期在 6～7 月。成螨隐于叶背，在脉间叶肉表皮组织上吸食，潜于叶片刚毛下产卵繁殖。适宜生长温度为 20～35℃，相对湿度 45%～70%，高温干旱时虫口密度大，为害严重。辣椒和番茄生长的中后期，辣椒枝端嫩叶向背面反卷，形成船形叶。与茶黄螨混合为害，嫩枝僵滞，叶片和花大量脱落，减产 1/3～1/2。番茄嫩叶被害后，叶片反卷，皱缩增厚，随番茄瘿螨虫口的迅速增多，叶背渐现苍白色斑点，表皮隆起，最后产生灰白色毛毯状物。

【绿色防控技术】加强生活史研究，找出栽培控制措施，减轻为害。药剂防治掌握在为害始期至始盛期的 6 月上旬至 7 月中旬，成虫初发期喷洒 10%浏阳霉素乳油1 000～1 500倍、1%阿维菌素乳油2 500倍液、3.3%阿维·联苯菊酯乳油1 000倍液、5%增效抗蚜威液剂2 000倍液，在发生高峰期连续防治 3～4 次，每次间隔 5～7 天。

十、茄二十八星瓢虫

【为害对象】茄二十八星瓢虫（*Henosep-*

ilachna sparsa orientalis Dieke）属鞘翅目瓢虫科。为害茄科、豆科、葫芦科、十字花科、藜科作物。

【为害状】成虫、幼虫在叶背剥食叶肉，仅留表皮，形成许多不规则半透明的细凹纹，状如箩底。也能将叶吃成孔状，甚至仅存叶脉。严重时受害叶片干枯、变褐，全株死亡。果实被啃食处常常破裂、组织变僵；粗糙、有苦味，不能食用。

【生活习性】在东北、华北等地 1 年发生 1～2 代，长江流域 1 年发生 3 代。以成虫群集在背风向阳的山洞、石缝、树洞、树皮缝、墙缝及篱笆下、土穴等缝隙中和山坡、丘陵坡地土内越冬。第二年 5 月中下旬出蛰，先在附近杂草上栖息，再逐渐迁移到马铃薯、茄子上繁殖为害。成虫产卵期很长，卵多产在叶背，常 20～30 粒直立成块。第一代幼虫发生极不整齐。成虫、幼虫都有取食卵的习性，成虫有假死性，并可分泌黄色黏液。幼虫共 4 龄，老熟幼虫在叶背或茎上化蛹。夏季高温时，成虫多藏在遮阴处停止取食，生育力下降，且幼虫死亡率很高。一般在 6

月下旬至 7 月上旬、8 月中旬分别是第一、二代幼虫的为害盛期，9 月中旬至 10 月上旬第二代成虫迁移越冬。东北地区越冬代成虫出蛰较晚，而进入越冬稍早。以散居为主，偶有群集现象。越冬代成虫产卵期长，故世代重叠。

【绿色防控技术】

(1) 农业防治。前茬作物收获后，要及时彻底清洁田园，将病株和残留枝叶等带出田外进行深埋或烧毁，并深翻晒地。可消灭茄二十八星瓢虫的卵、幼虫和藏于缝隙中的成虫。

(2) 物理防治。

①捕杀成虫：利用茄二十八星瓢虫成虫具有群居越冬及假死的习性，可适时敲打茄科蔬菜植株，使之坠落，并用盆接住后统一杀灭。用此方法杀虫最好在中午温度较高时进行，灭杀效果较好。

②摘除卵块：雌成虫产卵集中成群，而且所产卵颜色艳丽，极易被发现，可在产卵盛期人工摘除卵块，以降低害虫田间发生基数。

(3) 药剂防治。在幼虫孵化盛期或低龄幼虫为害期，及早选用 2.5% 高效氯氟氰菊酯乳油

4 000倍液、4.5％高效氯氰菊酯乳油 2 000 倍液、50％辛硫磷乳油 1 000 倍液、48％毒死蜱乳油 1 000倍液中的任意一种喷施，一般每 6～7 天防治 1 次，连续或交替用药 3 次。用药时注意施药均匀，叶片的正反两面都要喷到。

十一、茶黄螨

【为害对象】茶黄螨（*Polyphagotarsonemus latus* Banks）又名侧多食跗线螨，为害番茄、茄子、青椒、黄瓜、豇豆、菜豆、马铃薯等多种蔬菜。

【为害状】茶黄螨以成螨和幼螨集中在植物幼嫩叶片、茎、花或幼果上吸取汁液，造成植物畸形和生长缓慢。受害叶片背面呈灰褐色或黄褐色，具有油质光泽或油渍状，叶片边缘向下卷曲。受害嫩茎、嫩枝变为黄褐色，扭曲畸形，严重者植株顶部干枯。受害的花、蕾重者不可开花坐果。果实受害，果柄、果皮变黄褐色，丧失光泽，木栓化。受害番茄叶片变窄，僵硬直立，皱缩或扭曲畸形，最后秃尖。茄子受害后导致龟裂，呈开化的馒头状，味道苦涩，不能食用。青椒受害严重时落叶、落花、落果，大幅度减产。马铃薯受害后植株矮缩或自顶部开始凋萎，植株下部产生不定芽，严重被害植株逐渐枯死。由于螨体较小，肉眼难以观察识别，上述为害特征常被误认为生理病害或病毒病。

【生活习性】以雌成螨在避风处的寄主植物卷叶中、芽心、芽鳞内和叶柄的缝隙中越冬。在热带及温室条件下，全年都可发生，但冬季的繁殖力较低。平均每头雌螨可产卵 17 粒，多的可达 56 粒。此成螨寿命最长 24 天，最短 5 天，平均 12.4 天，雄成螨寿命最长 17 天，最短 4 天，平均 10.7 天。茶黄螨的发育历期随温度的不同而有差异。为害季节，卵经 2～3 天孵化，幼螨期只有 1～2 天，若螨期 0.5～1 天。完成一个世代通常只需 5～7 天。以两性生殖为主，也行孤雌生殖，但未交尾受精的卵孵化率低。交尾后的雌成螨继续取食，一般第二天开始陆续产卵，产卵前期一般为 1～2 天。卵多散产于叶背，幼果凹处或幼芽上。一天可产卵 4～9 粒，产卵期 3～5 天。靠本身爬行以及借助风力以及人为的携带等作远距离传播。

【绿色防控技术】

(1) 农业防治。使用抗螨品种。清洁田园，铲除田边杂草，蔬菜收获后及时清除枯枝落叶，以减少越冬虫源。早春特别要注意拔除茄科蔬菜田的龙葵、三叶草等杂草，以免越冬虫源转入蔬菜田为害。

(2) 生物防治。冲蝇钝绥螨、畸螨对茶黄螨有明显的抑制作用，此外，蜘蛛、捕食性蓟马、蚂蚁等天敌也对茶黄螨具有一定的控制作用，应加以保护利用。

(3) 药剂防治。药剂防治的关键是及早发现、及时防治。20%三唑锡乳油2 000～25 000倍液、15%达螨酮乳油3 000倍液、灭虫螨乳油2 000倍液均可取得较好防效。要求隔10～14天喷1次，连用2～3次。喷药的重点是植株的上部，尤其是嫩叶背面和嫩茎，对茄子和辣椒还应注意花器和幼果上喷药。

第三部分

茄果类蔬菜常见病虫害综合防治技术

一、茄果类蔬菜常见病虫害综合防治技术

(1) 农业防治。因地制宜地选用抗（耐）病品种。实行翻耕、轮作、倒茬，加强中耕除草，清洁园田以压低病原菌及虫口数量，减少初侵染源。露地番茄或辣椒可在畦边、沟边种植玉米等高秆作物，使玉米喇叭口期与二代棉铃虫或烟青虫为害期相吻合，以诱集其产卵，减轻对番茄或辣椒的为害，且玉米能遮阴，以减轻辣椒日烧病的发生和使部分蚜虫在探索取食时脱毒而减少病毒病的发生。充分利用保护地设施，采用遮阳网，提高植株抗逆性，减轻

病毒病的发生。

（2）培育无病虫壮苗。进行种子处理。

①温汤浸种：将选好的种子放在 55℃ 的水中浸泡 10 分钟，并不断搅拌，待水温降至 25～30℃ 时，停止搅拌，闷 6～10 小时后，控净水分，催芽育苗或直播。

②药剂处理：可选用 10% 磷酸三钠浸种 10～20 分钟，然后用清水冲洗 2～3 次或选用高度白酒与水 1∶1 的比例浸泡 30 分钟后用清水冲净催芽播种。

（3）土壤处理。每平方米用福尔马林 50 毫升加水 2～4 千克喷洒床土，然后用薄膜覆盖 2～3 天后晾晒 7～8 天，再进行育苗。保护地可选无病虫土与腐熟有机肥按 6∶4 的比例营养土育苗。

（4）保护地嫁接防病技术。可选用红茄 1 号、特拉巴姆或刚果茄作砧木，茄子作接穗，有效防治茄子根腐病、黄萎病。可用青椒砧木 10 号作砧木嫁接，可有效防治辣椒疫病。

（5）生物防治。施用 3 号、4 号增产菌，增强植株的抗病性、增加产量和提高产品质量，可采用下述方法或同时采用。浸根苗：每亩用固体菌剂 100 克或液体菌剂 10 毫升，用每亩浸蘸根苗所需的水量稀释，将根苗均匀的浸蘸上菌液，稍晾干后，即可抹苗或定植。叶面喷洒：菌剂量同上，用每亩喷雾所需的水量稀释后于定植成活后喷雾。防治棉铃虫、烟青虫可选用虫螨克、Bt乳剂、七公雷等生物农药。在温室白粉虱发生的保护地内可释放丽蚜小蜂。

(6) 物理防治。可利用黑光灯诱杀棉铃虫、烟青虫。田间可挂银灰膜避蚜防病毒。覆盖地膜防止土壤中的病菌传到植株上。叶面喷磷酸二氢钾可驱避棉铃虫、烟青虫产卵。提倡使用防虫网，不用或少使用杀虫剂，减少农药的残留量。

(7) 化学防治。加强田间病虫害的调查，掌握病虫害发生动态，适时进行药剂防治。化学药剂可选用高效、低毒、低残留药剂，并可单用、混用，注意交替使用，以减少病虫抗药性的产生，同时注意施药的安全间隔期。严禁使用高毒、高残留农药。在螨类的防治上禁止使用三氯杀螨醇。

二、茄果类蔬菜各生育期常见病害防治技术

【苗期】苗期常因低温高湿、光照不足、管理不当发生猝倒病、立枯病、灰霉病，以及由低温引起的生理性病害"沤根"，是蔬菜苗期的主要病害，全国各地都有分布，茄科和葫芦科蔬菜的幼苗受害较为严重。在冬、春季苗床上病害发生较为普遍，轻者引起死苗缺株，发病严重时可造成大量死苗。

防治策略应以加强苗床管理为主，药剂保护为辅。

（1）**加强苗床管理**。苗床应设在地势较高、排水良好且向阳的地块，要选用无病新土作为床土，如使用旧床，床土应该进行消毒处理。苗床要做好保温、通风换气和透光工作，预防低温或冷风侵袭，促进幼苗健壮生长，提高抗病性。选栽抗逆性强的高产品种，实施种子处理与苗床消毒，实行宽窄行栽培模式，采取合理密植等多种健身控害栽培技术措施，提高植株抗逆性。搞好

田园清洁，及时清理落花、落果，并摘除病虫果，带出田外，进行深埋，以防病虫害转果为害，降低为害程度。实施科学的肥水管理，使用无害化有机肥和符合国家标准的复合肥，禁止使用含激素的叶面肥。

（2）种子处理。可选用下列杀菌剂可湿性粉剂拌种，如 40%拌种双、80%敌菌丹、50%苯菌灵等，用药量均为种子重量的 0.2%。此外，也可用 25%甲霜灵与 70%代森锰锌以 9∶1 混合，再加水配成 1 500 倍液浸种，待风干后播种。

（3）药剂防治。如苗床已经发现少数病苗，应及时拔除，并喷药保护，以防止病害蔓延。常用药剂有 58%瑞毒霉·锰锌可湿性粉剂 500～800 倍液、75%百菌清可湿性粉剂 800～1 000 倍液、70%代森锰锌可湿性粉剂 600～800 倍液，喷雾，视病情 7～10 天 1 次，连续 2～3 次。苗床喷施药后，往往造成湿度过大，可撒草木灰或细干土以降低湿度。

【营养生长期】移植缓苗后到开花坐果期间的营养生长期，植株生长旺盛，多种病害开始侵染，部分病虫害开始发生，一般认为该时期是喷药保护、预防病虫害的关键时期，生产上需要多种农药混合使用。

这一时期因高温高湿而发生一些病害，如早疫病、晚疫病、灰霉病、炭疽病，还有病毒病、褐纹病、绵疫病、枯萎病、黄萎病等。

(1) 农业防治。选用抗病品种，注意通风，配方施肥，合理密植，及时整枝和清除中心病株、病叶。水旱轮作，加强栽培管理，增施石灰调节酸碱度。

(2) 药剂防治。发现中心病株后及时施药效果好。药剂有64%杀毒矾可湿性粉剂500倍液或30%醚菌酯悬浮剂每亩40～60克、50%啶酰菌胺水分散粒剂每亩20～30克、10%苯醚甲环唑水分散粒剂每亩83.3～100克、70%丙森锌可湿性粉剂每亩125～190克、30%王铜悬浮剂每亩50～71.4克、25%嘧菌酯悬浮剂每亩24～32克、50%二氯异氰尿酸钠可溶性粉剂每亩75～100克、8%精甲霜·锰锌水分散粒剂800～1 000倍液、1.5%植病灵乳剂1 000～1 500倍液，喷雾，7～10天1次，连续2～3次，严重时可加喷1次，或用5%百菌清粉尘剂1千克/亩喷粉，7～10 天 1 次，连续 3 次，也可用 50％甲霜铜 600 倍液灌根，每株 200 毫升。

对于大棚每亩可以用 10％腐霉利烟剂 200～300 克、45％百菌清烟剂 200～300 克，二者连续使用或轮换使用，每次熏一夜，视病情熏蒸 2～3 次。

【开花坐果期】进入开花坐果期后，许多病害开始发生流行。病毒病、黄萎病、枯萎病、灰霉病、褐纹病、绵疫病等时常严重发生，要及时施药防治。病害防治方法参照营养生长期。

早疫病、晚疫病、叶霉病可选用 69％烯酰吗啉·锰锌可湿性粉剂 600～800 倍液、72％克霜氰可湿性粉剂 500～700 倍液、72.2％霜霉威水剂 800 倍液、80％代森锰锌可湿性粉剂 800 倍液喷雾。防治保护地内的灰霉病及上条所列病害还可选用 6.5％甲霉灵粉尘剂、5％百菌清粉尘剂 1 千克/亩喷粉或用 10％百菌清、10％腐霉利烟剂 400 克/亩熏烟进行防治。

三、茄果类蔬菜各生育期常见害虫防治技术

【苗期】苗期害虫以粉虱、美洲斑潜蝇为主，露地栽培还应重视蚜虫的防治。防治策略应以加强苗床管理为主，药剂保护为辅。

【营养生长期】这一时期害虫主要有茄二十八星瓢虫、茶黄螨等，该期也是粉虱、蚜虫、美洲斑潜蝇为害的高峰期。施药重点是使用好保护剂，预防病虫害的发生。

选用抗虫品种，注意通风，配方施肥，合理密植，及时整枝。防治粉虱、蚜虫、美洲斑潜蝇，可采用5.7%氟氯氰菊酯乳油1 500～3 000倍液、0.5%甲氨基阿维菌素苯甲酸盐微乳剂2 000～3 000倍液＋10%吡虫啉可湿性粉剂1 500～2 000倍液、40%阿维·敌敌畏乳油1 500～3 000倍液、50%灭蝇·杀单可湿性粉剂2 000～3 000倍液、25%吡蚜酮悬浮剂2 000～3 000倍液、25%噻虫嗪水分散性粒剂2 000～3 000倍液、5%氟苯脲乳油800～1 500倍液、

25％噻嗪酮可湿性粉剂1 000～2 000倍液、10％虫螨腈悬浮剂1 000～2 000倍液、10％吡虫啉可湿性粉剂1 500～2 000倍液＋10％氯氰菊酯乳油2 500～3 000倍液、3％啶虫脒乳油1 000～2 000倍液＋2.5％溴氰菊酯乳油2 000～3 000倍液。对水喷雾，视虫情隔10天喷1次，共2～3次。

【开花坐果期】这时期害虫主要有棉铃虫、烟青虫、茶黄螨等。还应注意美洲斑潜蝇和粉虱的防治。防治棉铃虫、烟青虫可采用1％甲氨基阿维菌素苯甲酸盐乳油3 000～4 000倍液、5％氟啶脲乳油1 000～2 000倍液、5％氟虫脲乳油2 000～3 000倍液、5％氟苯脲乳油4 000倍液、5％氟铃脲乳油1 000～2 000倍液、10％醚·菊酯悬乳剂700倍液、20％除虫脲胶悬剂1 000～2 000倍液、50％丁醚脲可湿性粉剂2 000～3 000倍液、20％抑食肼可湿性粉剂800～1 500倍液、20％灭多威可湿性粉剂2 000～3 000倍液、10％醚·菊酯悬乳剂1 000～2 000倍液、2.5％溴氰菊酯乳油1 500～2 500倍液、5.7％氟氯氰菊酯乳油3 000～4 000倍液、4.5％高效氯氰菊酯乳油3 000～3 500倍液、10亿多角体/毫升苜蓿银纹夜蛾核型多角体病毒 800 倍液喷雾，每隔 7～10 天喷 1 次，连续 2～3 次。

防治茶黄螨可采用 5％唑螨酯悬浮剂 2 000～3 000 倍液、1％甲氨基阿维菌素苯甲酸盐乳油 3 000～4 000 倍液、20％双甲脒乳油 1 000～1 500 倍液、15％哒螨灵乳油 1 500～3 000 倍液、20％甲氰菊酯乳油 1 000～2 000 倍液、20％三唑锡悬浮剂 2 000～3 000 倍液喷雾，每隔 10 天喷 1 次，连续 2～3 次。美洲斑潜蝇、粉虱等的防治方法参考开花坐果期。

防治棉铃虫、烟青虫可选用 21％菊马乳油 6 000 倍液或 2.5％联苯菊酯乳油 3 000 倍液等喷雾。防治白粉虱可用噻嗪酮，防治斑潜蝇可用虫螨克，防治茶黄螨、红蜘蛛可用 25％哒螨灵乳剂 2 500～3 000 倍液或 73％丙炔螨特乳油 2 000 倍液、5％噻螨酮乳油 2 000 倍液等。

附表 1　茄果类蔬菜常见病害防治药剂

作物	防治对象	有效成分用药量	有效成分及含量	施用方法	登记名称	剂型
番茄	枯萎病	745.5~958.5克/公顷	百菌清/chlorothalonil 62.7% 异菌脲/iprodione 8.3%	灌根	71%百·异菌可湿性粉剂	可湿性粉剂
辣椒	枯萎病	333~500毫克/千克	咪鲜胺/prochloraz 25%	喷雾	咪鲜胺	乳油
辣椒	枯萎病	每100克种子2~4克	枯草芽孢杆菌/Bacillus subtilis	拌种	枯草芽孢杆菌	可湿性粉剂
茄子	枯萎病	600~1000毫克/千克	多菌灵/carbendazim 15% 福美双/thiram 15%	灌根	多·福	可湿性粉剂
番茄	早疫病	756~1026克/公顷	百菌清/chlorothalonil 720克/升	喷雾	百菌清	悬浮剂
番茄	早疫病	125~150克/公顷	苯醚甲环唑/difenoconazole	喷雾	苯醚甲环唑	水分散粒剂
番茄	早疫病	562.5~750克/公顷	异菌脲/iprodione 500克/升	喷雾	异菌脲	悬浮剂
番茄	早疫病	1545~2310克/公顷	氢氧化铜/copper hydroxide 77%	喷雾	氢氧化铜	可湿性粉剂
番茄	早疫病	130.5~174克/公顷	戊唑醇/tebuconazole 18% 嘧菌酯/azoxystrobin 11%	喷雾	戊唑·嘧菌酯	悬浮剂

（续）

作物	防治对象	有效成分用药量	有效成分及含量	施用方法	登记名称	剂型
番茄	早疫病	2 000克/公顷	代森锰锌/mancozeb 80%	喷雾	代森锰锌	可湿性粉剂
番茄	早疫病	150～180克/公顷	戊唑醇/tebuconazole 17.5% 氟吡菌酰胺/fluopyram 17.5%	喷雾	氟菌・戊唑醇	悬浮剂
番茄	早疫病	1 312.5～1 968.75 克/公顷	丙森锌/propineb 70%	喷雾	丙森锌	可湿性粉剂
番茄	早疫病	375～750 克/公顷	异菌脲/iprodione 50%	喷雾	异菌脲	可湿性粉剂
番茄	早疫病	1 575～2 250克/公顷	福美锌/ziram 75%	喷雾	福美锌	水分散粒剂
番茄	早疫病	90～120 克/公顷	嘧菌酯/azoxystrobin 250 克/升	喷雾	嘧菌酯	悬浮剂
番茄	早疫病	150～225 克/公顷	啶酰菌胺/boscalid 50%	喷雾	啶酰菌胺	水分散粒剂
番茄	早疫病	112.5～187.5 克/公顷	肟菌酯/trifloxystrobin 21.5% 氟吡菌酰胺/fluopyram 21.5%	喷雾	氟菌・肟菌酯	悬浮剂
番茄	早疫病	100.8～126 克/公顷	苯醚甲环唑/difenoconazole 5% 氟唑菌酰胺/fluxapyroxad 7%	喷雾	苯甲・氟酰胺	悬浮剂

（续）

作物	防治对象	有效成分用药量	有效成分及含量	施用方法	登记名称	剂型
番茄	早疫病	360～540 克/公顷	吡唑醚菌酯/pyraclostrobin 5% 代森联/metiram 55%	喷雾	唑醚·代森联	水分散粒剂
番茄	早疫病	1 050～1 575 克/公顷	代森锰锌/mancozeb 40% 百菌清/chlorothalonil 30%	喷雾	锰锌·百菌清	可湿性粉剂
番茄	晚疫病	281.25～337.5 克/公顷	嘧菌酯/azoxystrobin 250 克/升	喷雾	嘧菌酯	悬浮剂
番茄	晚疫病	80～100 克/公顷	氰霜唑/cyazofamid 100 克/升	喷雾	氰霜唑	悬浮剂
番茄	晚疫病	315～472.5 克/公顷	嘧菌酯胺/initium 27% 烯酰吗啉/dimethomorph 20%	喷雾	烯酰·嘧菌	悬浮剂
番茄	晚疫病	15～30 克/公顷	氟噻唑吡乙酮/oxathiapiprolin 10%	喷雾	氟噻唑吡乙酮	可分散油悬浮剂
番茄	晚疫病	1 575～2 250 克/公顷	丙森锌/propineb 70%	喷雾	丙森锌	可湿性粉剂
番茄	晚疫病	1 125～1 406 克/公顷	百菌清/chlorothalonil 75%	喷雾	百菌清	水分散粒剂
番茄	晚疫病	500～750 克/公顷	代森锰锌/mancozeb 43.5% 氟吗啉/flumorph 6%	喷雾	锰锌·氟吗啉	可湿性粉剂

（续）

作物	防治对象	有效成分用药量	有效成分及含量	施用方法	登记名称	剂型
番茄	晚疫病	618.8~773.4 克/公顷	霜霉威盐酸盐/propamocarb hydrochloride 625 克/升 氟吡菌胺/fluopicolide 62.5 克/升	喷雾	氟菌·霜霉威	悬浮剂
番茄	晚疫病	14.06~18.75 克/公顷	氨基寡糖素/oligosaccharins 0.5%	喷雾	氨基寡糖素	水剂
番茄	晚疫病	360~540 克/公顷	代森联/metiram 55% 吡唑醚菌酯/pyraclostrobin 5%	喷雾	唑醚·代森联	水分散粒剂
番茄	晚疫病	112.5~150 克/公顷	双炔酰菌胺/mandipropamid 23.4%	喷雾	双炔酰菌胺	悬浮剂
番茄	晚疫病	1 431~1 590克/公顷	代森联/metiram 44% 烯酰吗啉/dimethomorph 9%	喷雾	烯酰·代森联	水分散粒剂
番茄	晚疫病	405~540 克/公顷	霜霉威盐酸盐/propamocarb hydrochloride 50% 精甲霜灵/metalaxyl-M 10%	喷雾	霜霉·精甲霜	水剂
番茄	晚疫病	4~5.3 克/公顷	丁子香酚/eugenol 0.3%	喷雾	丁子香酚	可溶液剂

（续）

作物	防治对象	有效成分用药量	有效成分及含量	施用方法	登记名称	剂型
番茄	晚疫病	495~792 克/公顷	精甲霜灵/metalaxyl-M 40 克/升 百菌清/chlorothalonil 400 克/升	喷雾	精甲·百菌清	悬浮剂
番茄	晚疫病	1 020~1 224 克/公顷	代森锰锌/mancozeb 64% 精甲霜灵/metalaxyl-M 4%	喷雾	精甲霜·锰锌	水分散粒剂
番茄	晚疫病	37.5~45 克/公顷	几丁聚糖 chltosan 2%	喷雾	几丁聚糖	水剂
番茄	晚疫病	157.5~315 克/公顷	噁唑菌酮/famoxadone 22.5% 霜脲氰/cymoxanil 30%	喷雾	噁酮·霜脲氰	水分散粒剂
番茄	晚疫病	896.1~1 096.2 克/公顷	代森锰锌/mancozeb 48% 甲霜灵/metalaxyl 10%	喷雾	甲霜·锰锌	可湿性粉剂
番茄	晚疫病	1 275~1 725 克/公顷	霜脲氰/cymoxanil 12% 丙森锌/propineb 38%	喷雾	丙森·霜脲氰	可湿性粉剂
番茄	晚疫病	1 080~1 620 克/公顷	三乙膦酸铝/fosetyl-aluminium 90%	喷雾	三乙膦酸铝	可溶粉剂

（续）

作物	防治对象	有效成分用药量	有效成分及含量	施用方法	登记名称	剂型
番茄	晚疫病	250~300 克/公顷	烯酰吗啉/dimethomorph 50%	喷雾	烯酰吗啉	可湿性粉剂
番茄	晚疫病	213.75~270 克/公顷	多抗霉素/polyoxin 3%	喷雾	多抗霉素	可湿性粉剂
番茄	晚疫病	187.5~262.5 克/公顷	氟啶胺/fluazinam 50%	喷雾	氟啶胺	水分散粒剂
番茄	晚疫病	90~105 克/公顷	氰霜唑/cyazofamid 20%	喷雾	氰霜唑	悬浮剂
番茄	晚疫病	150~188 克/公顷	喹啉铜/oxine-copper 33.5%	喷雾	喹啉铜	悬浮剂
番茄	晚疫病	112.5~150 克/公顷	双 块 酰 菌 胺/mandipropamid 23.4%	喷雾	双块酰菌胺	悬浮剂
番茄	晚疫病	19.5~30 克/公顷	氟噻唑吡乙酮/oxathiapiprolin 10%	喷雾	氟噻唑吡乙酮	可分散油悬浮剂
番茄	晚疫病	630~1 260克/公顷	丙森锌/propineb 60% 嘧菌酯/azoxystrobin 10%	喷雾	嘧菌·丙森锌	可湿性粉剂

（续）

作物	防治对象	有效成分用药量	有效成分及含量	施用方法	登记名称	剂型
番茄	灰霉病	675～843.75 克/公顷	福美双/thiram 16.5% 甲基硫菌灵/thiophanate-methyl 13.5%	喷雾	甲硫·福美双	悬浮剂
番茄	灰霉病	562.5～750 克/公顷	异菌脲/iprodione 500 克/升	喷雾	异菌脲	悬浮剂
番茄	灰霉病	774～967.5 克/公顷	腐霉利/procymidone 43%	喷雾	腐霉利	悬浮剂
番茄	灰霉病	454.5～682.5 克/公顷	甲基硫菌灵/thiophanate-methyl 52.5% 乙霉威/diethofencarb 12.5%	喷雾	甲硫·乙霉威	可湿性粉剂
番茄	灰霉病	97.5～135 克/公顷	啶氧菌酯/picoxystrobin 22.5%	喷雾	啶氧菌酯	悬浮剂
番茄	灰霉病	375～562.5 克/公顷	嘧霉胺/pyrimethanil 400 克/升	喷雾	嘧霉胺	悬浮剂
番茄	灰霉病	400～600 克/公顷	福美双/thiram 32% 啶菌噁唑 8%	喷雾	啶菌·福美双	悬乳剂
番茄	灰霉病	200～400 克/公顷	啶菌噁唑 25%	喷雾	啶菌噁唑	乳油

（续）

作物	防治对象	有效成分用药量	有效成分及含量	施用方法	登记名称	剂型
番茄	灰霉病	225～375 克/公顷	啶酰菌胺/boscalid 30%	喷雾	啶酰菌胺	悬浮剂
番茄	灰霉病	454.5～682.5 克/公顷	乙霉威/diethofencarb 12.5% 甲基硫菌灵/thiophanate-methyl 52.5%	喷雾	甲硫·乙霉威	可湿性粉剂
番茄	灰霉病	180～300 克/公顷	双胍三辛烷基苯磺酸盐/imi-noctadine tris(albesilate) 40%	喷雾	双胍三辛烷基苯磺酸盐	可湿性粉剂
番茄	灰霉病	1 162.5～1 425 克/公顷	克菌丹/captan 50%	喷雾	克菌丹	可湿性粉剂
番茄	灰霉病	3.86～5.4 克/公顷	丁子香酚/eugenol 0.3%	喷雾	丁子香酚	可溶液剂
番茄	灰霉病	180～270 克/公顷	啶酰菌胺/boscalid 18% 嘧菌酯/azoxystrobin 9%	喷雾	啶酰·嘧菌酯	悬浮剂
番茄	灰霉病	405～495 克/公顷	腐霉利/procymidone 20% 异菌脲/iprodione 10%	喷雾	异菌·腐霉利	悬浮剂

附表1 茄果类蔬菜常见病害防治药剂

(续)

作物	防治对象	有效成分用药量	有效成分及含量	施用方法	登记名称	剂型
番茄	灰霉病	600~800克/公顷	嘧霉胺/pyrimethanil 13% 百菌清/chlorothalonil 27%	喷雾	嘧霉·百菌清	可湿性粉剂
番茄	灰霉病	263~300克/公顷	福美双/thiram 20% 腐霉利/procymidone 5%	喷雾	腐霉·福美双	可湿性粉剂
番茄	灰霉病	375~563克/公顷	嘧霉胺/pyrimethanil 20% 氨基寡糖素/oligosaccharins 5%	喷雾	氨基·嘧霉胺	悬浮剂
番茄	灰霉病	1 875~3 750克/公顷	木霉菌/Trichoderma sp. 2亿个/克	喷雾	木霉菌	可湿性粉剂
番茄	灰霉病	1 125~1 575克/公顷	多菌灵/carbendazim 20% 代森锰锌/mancozeb 40% 异菌脲/iprodione 15%	喷雾	异菌·多·锰锌	可湿性粉剂
番茄	灰霉病	705~937.5克/公顷	福美双/thiram 40% 异菌脲/iprodione 10%	喷雾	异菌·福美双	可湿性粉剂
番茄	灰霉病	11.25~14.07 克/公顷	小檗碱/berberine 0.5%	喷雾	小檗碱	水剂

茄果类蔬菜 病虫害诊断与防治

(续)

作物	防治对象	有效成分用药量	有效成分及含量	施用方法	登记名称	剂型
番茄	灰霉病	100~166.7 克/亩	哈茨木霉菌/Trichoderma harzianum 3 亿菌落形成单位/克	喷雾	哈茨木霉菌	可湿性粉剂
辣椒	灰霉病	225~300 克/公顷	咪鲜胺锰盐/prochloraz-manganese chloride complex 50%	喷雾	咪鲜胺锰盐	可湿性粉剂
辣椒	灰霉病	450~720 克/公顷	嘧菌环胺/cyprodinil 50%	喷雾	嘧菌环胺	水分散粒剂
辣椒	灰霉病	750~1 125克/公顷	硫磺/sulfur 35% 多菌灵/carbendazim 15%	喷雾	多·硫	可湿性粉剂
辣椒	灰霉病	1 023~1 249.5 克/公顷	硫磺/sulfur 20% 多菌灵/carbendazim 30%	喷雾	硫磺·多菌灵	可湿性粉剂
辣椒	灰霉病	562.5~750 克/公顷	二氯异氰尿酸钠/sodium dichloroisocyanurate 20%	喷雾	二氯异氰尿酸钠	可溶粉剂
辣椒	白粉病	187.5~234.4 克/公顷	咪鲜胺/prochloraz 25%	喷雾	咪鲜胺	乳油
辣椒	病毒病	0.27~0.54 克/公顷	甾烯醇/β-sitosterol 0.06%	喷雾	甾烯醇	微乳剂

附表1 / 茄果类蔬菜常见病害防治药剂

（续）

作物	防治对象	有效成分用药量	有效成分及含量	施用方法	登记名称	剂型
辣椒	病毒病	15~22.5 克/公顷	香菇多糖/fungous proteoglycan 0.5%	喷雾	香菇多糖	水剂
辣椒	病毒病	450~525 克/公顷	氯溴异氰尿酸/chloroisobromine cyanuric acid 50%	喷雾	氯溴异氰尿酸	可溶粉剂
辣椒	病毒病	90~125 克/公顷	宁南霉素/ningnanmycin 8%	喷雾	宁南霉素	水剂
辣椒	病毒病	82.1~125 毫升/亩	十二烷基硫酸钠/dodecyl sodium sulphate 1.1% 硫酸锌/zinc sulfate 0.8% 硫酸铜/copper sulfate 0.8%	喷雾	烷醇·硫酸铜	悬浮剂
辣椒	病毒病	180~300 克/公顷	盐酸吗啉胍/moroxydine hydrochloride 16% 硫酸铜/copper sulfate 4%	喷雾	吗胍·硫酸铜	水剂

（续）

作物	防治对象	有效成分用药量	有效成分及含量	施用方法	登记名称	剂型
辣椒	病毒病	360~540 克/公顷	盐酸吗啉胍/moroxydine hydrochloride 10% 乙酸铜 copper acetate 10%	喷雾	吗胍·乙酸铜	可湿性粉剂
辣椒	病毒病	200~250 倍液	烯腺嘌呤/enadenine 0.00015% 硫酸铜/copper sulfate 6%	喷雾	烯·羟·硫酸铜	可湿性粉剂
辣椒	病毒病	280~420 克/公顷	硫酸铜/copper sulfate 1.2% 混合脂肪酸 22.8%	喷雾	混脂·硫酸铜	水乳剂
辣椒	病毒病	273~411 克/公顷	苦参碱/matrine 0.15% 硫磺/sulfur 13.55%	喷雾	苦参·硫磺	水剂
辣椒	病毒病	40~60 毫克/千克	辛菌胺 1.2%	喷雾	辛菌胺醋酸盐	水剂
辣椒	病毒病	24.75~37.7 克/公顷	氨基寡糖素/oligosaccharins 5%	喷雾	氨基寡糖素	水剂
茄子	青枯病	100~300 倍液	蜡质芽孢杆菌/Bacillus cereus 20 亿孢子/克	灌根	蜡质芽孢杆菌	可湿性粉剂

（续）

作物	防治对象	有效成分用药量	有效成分及含量	施用方法	登记名称	剂型
茄子	青枯病	制剂:①300倍液,②0.3克/米², ③15 750~21 000克/公顷	多粘类芽孢杆菌Paenibacillus polymyxa 0.1亿菌落形成单位/克	①浸种、②苗床泼浇、③灌根	多粘类芽孢杆菌	细粒剂
辣椒	青枯病	制剂:①300倍液,②0.3克/米², ③15 750~21 000克/公顷	多粘类芽孢杆菌Paenibacillus polymyxa 0.1亿菌落形成单位/克	①浸种、②苗床泼浇、③灌根	多粘类芽孢杆菌	细粒剂
茄子	黄萎病	16.4~24.5克/米²	威百亩/metam-sodium 370克/升	土壤喷雾	威百亩	水剂
辣椒	炭疽病	94~113克/公顷	啶氧菌酯/picoxystrobin 22.5%	喷雾	啶氧菌酯	悬浮剂
辣椒	炭疽病	1 800~2 520克/公顷	代森锰锌/mancozeb 80%	喷雾	代森锰锌	可湿性粉剂
辣椒	炭疽病	187.5~262.5克/公顷	氟啶胺/fluazinam 500克/升	喷雾	氟啶胺	悬浮剂
辣椒	炭疽病	120~180克/公顷	嘧菌酯/azoxystrobin 250克/升	喷雾	嘧菌酯	悬浮剂

（续）

作物	防治对象	有效成分用药量	有效成分及含量	施用方法	登记名称	剂型
辣椒	炭疽病	75～125 克/公顷	苯醚甲环唑/difenoconazole 10%	喷雾	苯醚甲环唑	水分散粒剂
辣椒	炭疽病	937.5～1 406.25 克/公顷	克菌丹/captan 50%	喷雾	克菌丹	可湿性粉剂
辣椒	炭疽病	112.5～168.75 克/公顷	肟菌酯/trifloxystrobin 25% 戊唑醇/tebuconazole 50%	喷雾	肟菌·戊唑醇	水分散粒剂
辣椒	炭疽病	75～125 克/公顷	苯醚甲环唑/difenoconazole 10%	喷雾	苯醚甲环唑	水分散粒剂
辣椒	炭疽病	150～225 克/公顷	肟菌酯/trifloxystrobin 21.5% 氟吡菌酰胺/fluopyram 21.5%	喷雾	氟菌·肟菌酯	悬浮剂
辣椒	炭疽病	562.5～703 克/公顷	春雷霉素/kasugamycin 4% 多菌灵/carbendazim 46%	喷雾	春雷·多菌灵	可湿性粉剂
辣椒	炭疽病	97.5～243.75 克/公顷	苯醚甲环唑/difenoconazole 125 克/升 嘧菌酯/azoxystrobin 200 克/升	喷雾	苯甲·嘧菌酯	悬浮剂

（续）

作物	防治对象	有效成分用药量	有效成分及含量	施用方法	登记名称	剂型
辣椒	炭疽病	150~180 克/公顷	二氰蒽醌/dithianon 15% 吡唑醚菌酯/pyraclostrobin 5%	喷雾	二氰·吡唑酯	悬浮剂
辣椒	炭疽病	270~400 克/公顷	咪鲜胺/prochloraz 25%	喷雾	咪鲜胺	乳油
辣椒	炭疽病	672~1 008克/公顷	百菌清/chlorothalonil 500 克/升 嘧菌酯/azoxystrobin 60 克/升	喷雾	嘧菌·百菌清	悬浮剂
辣椒	炭疽病	280~555 克/公顷	咪鲜胺锰盐/prochloraz-manganese chloride complex 50%	喷雾	咪鲜胺锰盐	可湿性粉剂
辣椒	炭疽病	1 600~2 667毫克/千克	波尔多液/bordeaux mixture 80%	喷雾	波尔多液	可湿性粉剂
辣椒	炭疽病	1 687.5~2 025克/公顷	百菌清/chlorothalonil 75%	喷雾	百菌清	可湿性粉剂
辣椒	炭疽病	315~630 克/公顷	福美双/thiram 15% 甲基硫菌灵/thiophanate-methyl 15% 硫黄/sulfur 20%	喷雾	福·甲·硫黄	可湿性粉剂

（续）

作物	防治对象	有效成分用药量	有效成分及含量	施用方法	登记名称	剂型
辣椒	炭疽病	480~600 克/公顷	甲基硫菌灵/thiophanate-methyl 15% 福美双/thiram 25%	喷雾	福·甲·福美双	可湿性粉剂
辣椒	炭疽病	112.5~135 克/公顷	醚菌酯/kresoxim-methyl 20% 苯醚甲环唑/difenoconazole 10%	喷雾	苯甲·醚菌酯	悬浮剂
辣椒	炭疽病	240~480 克/公顷	甲基硫菌灵/thiophanate-methyl 10% 代森锰锌/mancozeb 10%	喷雾	甲硫·锰锌	可湿性粉剂
辣椒	炭疽病	300~450 克/公顷	代森锰锌/mancozeb 10% 拌种灵/amicarthiazol 10%	喷雾	锰锌·拌种灵	可湿性粉剂
辣椒	炭疽病	525~787.5 克/公顷	三氯异氰尿酸/trichloroiso cyanuric acid 42%	喷雾	三氯异氰尿酸	可湿性粉剂
辣椒	炭疽病	213~284 克/公顷	二氰蒽醌/dithianon 22.7%	喷雾	二氰蒽醌	悬浮剂

（续）

作物	防治对象	有效成分用药量	有效成分及含量	施用方法	登记名称	剂型
辣椒	炭疽病	292.5～418.5 克/公顷	琥胶肥酸铜/copper（succinate＋glutarate＋adipate）30%	喷雾	琥胶肥酸铜	可湿性粉剂
辣椒	炭疽病	6.75～7.875 克/公顷	苦参碱/matrine 0.5% 蛇床子素/cnidiadin 1.0%	喷雾	苦参·蛇床素	水剂
辣椒	炭疽病	312.5～375 克/公顷	福美锌/ziram 10% 福美双/thiram 10% 多菌灵/carbendazim 5%	喷雾	多·福·锌	可湿性粉剂
辣椒	炭疽病	180～225 克/公顷	乙蒜素/ethylicin 15% 噁霉灵/hymexazol 5%	喷雾	噁霉·乙蒜素	可湿性粉剂
辣椒	炭疽病	124.5～162 克/公顷	苯醚甲环唑/difenoconazole 10%	喷雾	苯醚甲环唑	水分散粒剂
辣椒	炭疽病	112.5～168.75 克/公顷	肟菌酯/trifloxystrobin 30%	喷雾	肟菌酯	悬浮剂

附表 2　茄果类蔬菜常见害虫防治药剂

作物	防治对象	有效成分用药量	有效成分及含量	施用方法	登记名称	剂型
番茄	棉铃虫	37.5~45 克/公顷	氟铃脲/lufenuron 50 克/升	喷雾	氟铃脲	乳油
番茄	棉铃虫	21~27 克/公顷	溴氰虫酰胺/cyantraniliprole 10%	喷雾	溴氰虫酰胺	可分散油悬浮剂
番茄	棉铃虫	22.5~45 克/公顷	高效氯氟氰菊酯 4.7% 氯虫苯甲酰胺 9.3%	喷雾	氯虫·高氯氟	微囊悬浮·悬浮剂
番茄	棉铃虫	8.55~11.4 克/公顷	甲氨基阿维菌素苯甲酸盐 abamectin-aminomethyl 2%	喷雾	甲氨基阿维菌素苯甲酸盐	乳油
辣椒	棉铃虫	30~45 克/公顷	溴氰虫酰胺/cyantraniliprole 10%	喷雾	溴氰虫酰胺	悬乳剂
辣椒	烟青虫	1.5~3 克/公顷	甲氨基阿维菌素 abamectin-aminometh 1%	喷雾	甲氨基阿维菌素苯甲酸盐	微乳剂
辣椒	烟青虫	24~34 克/公顷	高效氯氰菊酯/beta-cypermethrin 4.5%	喷雾	高效氯氰菊酯	乳油

（续）

作物	防治对象	有效成分用药量	有效成分及含量	施用方法	登记名称	剂型
辣椒	烟青虫	22.5~45 克/公顷	高效氯氟氰菊酯 4.7% 氯虫苯酰胺 9.3%	喷雾	氯虫·高氯氟	微囊悬浮-悬浮剂
辣椒	烟青虫	1 500~2 250克/公顷	苏云金杆菌 Bacillus thuringiensis 16 000国际单位/毫克	喷雾	苏云金杆菌	可湿性粉剂
番茄	烟粉虱	4 455~7 425克/公顷	矿物油/petroleum oil 99%	喷雾	矿物油	乳油
番茄	烟粉虱	120~150 克/公顷	溴氰虫酰胺/cyantraniliprole 19%	苗床喷淋	溴氰虫酰胺	悬浮剂
番茄	烟粉虱	108~144 克/公顷	噻虫啉/thiacloprid 11% 螺虫乙酯/spirotetramat 11%	喷雾	螺虫·噻虫啉	悬浮剂
番茄	烟粉虱	75~93.75 克/公顷	d-柠檬烯/d-limonene 5%	喷雾	d-柠檬烯	水溶性液剂
番茄	烟粉虱	72~108 克/公顷	螺虫乙酯/spirotetramat 22.4%	喷雾	螺虫乙酯	悬浮剂
番茄	烟粉虱	45~60 克/公顷	呋虫胺/dinotefuran 20%	喷雾	呋虫胺	可溶性粉剂

（续）

作物	防治对象	有效成分用药量	有效成分含量	施用方法	登记名称	剂型
番茄	烟粉虱	45~60 克/公顷	噻虫胺/clothianidin 50%	喷雾	噻虫胺	水分散粒剂
番茄	烟粉虱	18.75~30 克/公顷	高效氯氰菊酯/beta-cypermethrin 2% 啶虫脒/acetamiprid 3%	喷雾	高氯·啶虫脒	可湿性粉剂
番茄	烟粉虱	26.25~75 克/公顷	噻虫嗪/thiamethoxam 25%	喷雾	噻虫嗪	水分散粒剂
番茄	烟粉虱	400 亿个孢子/克	球孢白僵菌 Beauveria bassiana	喷雾	球孢白僵菌	可湿性粉剂
辣椒	烟粉虱	120~150 克/公顷	溴氰虫酰胺/cyantraniliprole 19%	苗床喷淋	溴氰虫酰胺	悬浮剂
辣椒	烟粉虱	108~144 克/公顷	噻虫啉/thiacloprid 11% 螺虫乙酯/spirotetramat 11%	喷雾	螺虫·噻虫啉	悬浮剂
番茄	蓟马	120~150 克/公顷	溴氰虫酰胺/cyantraniliprole 19%	苗床喷淋	溴氰虫酰胺	悬浮剂

（续）

作物	防治对象	有效成分用药量	有效成分及含量	施用方法	登记名称	剂型
茄子	蓟马	9~18 克/公顷	乙基多杀菌素/spinetoram 60 克/升	喷雾	乙基多杀菌素	悬浮剂
茄子	蓟马	72~108 克/公顷	虫螨腈/chlorfenapyr 240 克/升	喷雾	虫螨腈	悬浮剂
茄子	蓟马	90~120 克/公顷	联苯菊酯/bifenthrin 3% 虫螨腈/chlorfenapyr 7%	喷雾	联苯·虫螨腈	悬浮剂
茄子	蓟马	25~37.5 克/公顷	多杀霉素/spinosad 8%	喷雾	多杀霉素	水乳剂
茄子	蓟马	30~45 克/公顷	吡虫啉/imidacloprid 8% 多杀霉素/spinosad 2%	喷雾	多杀·吡虫啉	悬浮剂
辣椒	蓟马	120~150 克/公顷	溴氰虫酰胺/cyantraniliprole 19%	苗床喷淋	溴氰虫酰胺	悬浮剂
辣椒	蓟马	31.5~56.7 克/公顷	噻虫嗪/thiamethoxam 21%	喷雾	噻虫嗪	悬浮剂
辣椒	茶黄螨	129~193.6 克/公顷	联苯肼酯/bifenazate 43%	喷雾	联苯肼酯	悬浮剂

参考文献

安浩，陆红，李全，等，2007. 温室草莓花蓟马综合防治技术 [J]. 北方园艺 (6)：90.

白小军，王晓箐，侍梅，等，2014.10％多杀霉素·吡虫啉 SC 对茄子蓟马的田间药效评价 [J]. 湖北农业科学，53 (20)：4851-4853.

贝亚维，茹水江，陈笑芸，等，2001. 温度对斜纹夜蛾生长发育和存活的影响 [J]. 浙江农业学报，13 (4)：197-200.

陈庭华，陈彩霞，蒋开杰，等，2002. 性信息素用于蔬菜害虫的预测预报和发生规律研究 [J]. 浙江农业学报，14 (5)：288-290.

钏锦霞，卯婷婷，李宝聚，等，2013. 茄子褐纹病的发生规律与防治技术 [J]. 中国蔬菜 (1)：27-29.

党闸章，辜胜前，2015. 保护地蔬菜根结线虫病的发生危害及其绿色防控技术 [J]. 农家科技 (8)：103.

范晓静，杨春泉，邱思鑫，等，2013. 番茄细菌性斑点病生防菌的鉴定、防病及定殖力 [J]. 福建农林大学学报（自然科学版），42（4）：337-341.

傅建炜，陈青，2013. 蔬菜病虫害绿色防控技术手册［M］. 北京：中国农业出版社.

盖海涛，郅军锐，岳臻，等，2012. 西花蓟马和花蓟马在辣椒上的种群动态［J］. 西南农业学报，25（1）：337-339.

高焕，2012. 西葫芦绵腐病、绵疫病、枯萎病、细菌性叶斑病、软腐病、花叶病和根霉腐烂病的识别与防治［J］. 农业灾害研究，2（7）：8-11.

高慧，陈燕，2014. 江苏省淮安市设施土壤根结线虫发生状况及乙醇防治效果［J］. 江苏农业科学（7）：131-133.

高玉红，闫生辉，赵卫星，等，2014. 印楝素与不同杀虫剂混配对根结线虫的防治效果［J］. 江苏农业科学（7）：133-135.

顾晓慧，王立浩，毛胜利，等，2006. 辣椒根结线虫防治与抗性育种研究进展［J］. 中国蔬菜（5）：33-36.

郭曼霞，汤坤源，2011. 设施蔬菜蓟马的发生特点与防治措施［J］. 福建农业科技（5）：72-73.

韩盛，杨渡，徐万里，等，2010. 8种生物源和矿物源农药防治加工番茄细菌性斑点病试验［J］. 新疆农业科学，47（11）：2258-2261.

洪文英，陈瑞，吴燕君，等，2014. 蓟马防治药剂及混配组合的筛选和应用效果［J］. 浙江农业科学（12）：
1807-1809.

胡国栋，2003. 斜纹夜蛾生活习性及防治［J］. 现代农
业科技（8）：27.

胡庆发，马军伟，符建荣，等，2013. 多功能药肥对茄
子黄萎病的防治效果及茄子产量品质的影响［J］. 浙
江农业学报，25（2）：315-318.

黄新平，姜国庆，付军祥，等，2015. 番茄绵疫病的发
生及防控［J］. 植物医生（2）：18.

江扬先，严龙，2014. 茄子绵疫病的发生规律及控防措
施［J］. 中国瓜菜，27（2）：59-60.

蒋桂芳，宋力，2014. 辣椒炭疽病生物防治技术的研究
与展望［J］. 湖北农业科学（11）：2481-2485.

蒋杰贤，梁广文，庞雄飞，等，1999. 斜纹夜蛾天敌作
用的评价［J］. 应用生态学报，10（4）：461-463.

蒋杰贤，梁广文，王奎武，等，2001. 几种天敌对斜纹
夜蛾幼虫的捕食作用［J］. 上海农业学报，17（4）：
78-81.

蒋兴川，李志华，蒋智林，等，2013. 云南不同生态区
辣椒花期蓟马种类及多样性指数比较［J］. 云南农业
大学学报（自然科学版），28（4）：451-457.

李宝聚，柴阿丽，2008. 秋季慎防番茄绵疫病［J］. 中
国蔬菜（9）：61-62.

李红民，罗爱玉，高彦辉，等，2010. 不同药剂处理对辣椒蓟马防治研究 [J]. 北方园艺（9）：167-168.

李红阳，周加春，张俊喜，等，2013. 防治黄瓜根结线虫的药剂筛选及防控技术研究 [J]. 安徽农业科学（22）：9517-9518.

李继红，2012. 茄子白粉病、红腐病、果实疫病、花腐病、绵疫病和交链孢果腐病的识别与防治 [J]. 农业灾害研究（8）：19-22.

李建国，肖义芳，赵琼，等，2012. 烟粉虱的发生特点、原因分析及防治技术 [J]. 湖北植保（3）：45-46.

李仁龙，俞灿浩，2004. 斜纹夜蛾发生规律及无害化防治技术 [J]. 浙江农业科学（3）：155-156.

李卫，邹万君，王立宏，等，2006. 昆明地区斜纹夜蛾生物学特性研究 [J]. 西南农业学报，19（1）：85-89.

李云寿，罗万春，1999. 几种植物性昆虫拒食剂对斜纹夜蛾幼虫取食行为的影响 [J]. 植物保护，25（6）：4-6.

李祖侃，2006. 斜纹夜蛾发生与防治 [J]. 安徽农学通报，12（10）：149.

刘广霞，2011. 茄子褐纹病综合防治技术 [J]. 安徽农学通报，17（2）：98.

刘晓英，杨修，马春森，等，2004. 黑膜覆盖控制黄瓜

根结线虫（*Meloidogyne incognita*）的效果 [J]. 农
业工程学报，20（4）：234-237.

马冲，马士仲，刘震，等，2011. 栝楼根结线虫病的发
生规律及综合防治技术 [J]. 安徽农学通报，17
（20）：64-65.

马珂，丁克坚，汪爱娥，等，2005. 茄褐纹病研究进展
[J]. 安徽农业科学，33（1）：130-131.

马荣群，黄粤，宋正旭，等，2008. 辣椒炭疽病抗性资
源筛选 [J]. 北方园艺（9）：186-187.

门兴元，于毅，张安盛，等，2013. 设施蔬菜棕榈蓟马
综合防治技术 [J]. 农业知识：瓜果菜（20）：36.

潘志萍，吴伟南，刘惠，等，2007. 入侵害虫西方花蓟
马综合防治进展的概述 [J]. 环境昆虫学报，29
（2）：76-83.

秦厚国，叶正襄，丁建，等，2002. 温度对斜纹夜蛾发
育、存活及繁殖的影响 [J]. 中国生态农业学报，10
（3）：76-79.

饶荣莲，2012. 明溪县淮山斜纹夜蛾的发生特点及其综
合防治措施 [J]. 中国植保导刊，32（5）：38-39.

桑芝萍，陈迎春，孙建东，等，2004. 江苏沿海地区斜
纹夜蛾发生与防治技术研究 [J]. 中国植保导刊，24
（8）：32-34.

施海燕，郑尊涛，朱国念，等，2004. 斜纹夜蛾性信息

素的研究进展 [J]. 植物保护，30（1）：17-20.

施建国，范慧霞，高思玉，等，2011. 茄子褐纹病发病
　　症状及防治措施 [J]. 上海蔬菜（6）：54.

涂业苟，吴孔明，薛芳森，等，2008. 不同寄主植物对
　　斜纹夜蛾生长发育、繁殖及飞行的影响 [J]. 棉花学
　　报，20（2）：105-109.

汪爱娥，丁克坚，马珂，等，2005. 辣椒炭疽病的研究
　　进展 [J]. 安徽农业科学，33（3）：508-509.

王会福，钟列权，余山红，等，2013. 青花菜茎瘤病、
　　根肿病和根结线虫病的识别与防治 [J]. 江苏农业科
　　学，41（9）：127-129.

王耀雄，巫厚长，刘成社，等，2008. 斜纹夜蛾的诱捕
　　和田间防治 [J]. 植物保护学报，35（5）：475-476.

王引荣，2015. 山西省设施蔬菜根结线虫病的发生与防
　　治措施 [J]. 中国农技推广，31（12）：53-54.

王莹莹，张自心，谢学文，等，2014. 辣椒炭疽病的诊
　　断与防治 [J]. 中国蔬菜（11）：74-76.

王玉江，翟乃军，孙东文，等，2005. 日光温室番茄根
　　结线虫无公害综合防治技术 [J]. 农业工程学报，21
　　（2）：235-237.

吴仁锋，杨绍丽，杨德枝，等，2013. 茄子褐纹病病原
　　鉴定及其生物学特性研究 [J]. 中国蔬菜（8）：
　　80-85.

席亚东，向运佳，吴婕，等，2015. 间套作对辣椒炭疽病、花生叶斑病的影响 [J]. 西南农业学报，28 (1)：150-154.

杨春泉，2008. 番茄细菌性斑点病的病原鉴定和内生生防菌的筛选 [D]. 福州：福建农林大学.

杨会玲，韩魁魁，赵唯，等，2011. 茄二十八星瓢虫的发生与综合防治 [J]. 西北园艺：蔬菜专刊 (6)：36-37.

杨声澈，2013. 茄子绵疫病的综合防治 [J]. 中国果菜 (8)：35.

杨速泉，赖少容，方贻昭，等，2010. 乙基多杀霉素防治茄子蓟马药效试验 [J]. 广东农业科学，37 (11)：159-160.

尹健，高新国，武予清，等，2013. 释放东亚小花蝽对茄子上蓟马的控制效果 [J]. 中国生物防治学报，29 (3)：459-462.

于洋，李宝聚，陈雪，等，2006. 瓜类及茄果类炭疽病的识别与防治 [J]. 中国蔬菜，1 (12)：49-50.

余金咏，沈叔平，吴伟坚，等，2005. 释放中华微刺盲蝽防治茄子害虫的研究 [J]. 华南农业大学学报，26 (4)：27-29.

张文军，庞义，1997. 斜纹夜蛾生长发育与温度的关系 [J]. 中山大学学报（自然科学版）(2)：6-9.

张文军，2011. 日光温室蓟马的发生与综合防治［J］.
　　农业科技与信息（5）：31-32.

张杨林，郑丹丹，2013. 茄子黑枯病、褐轮纹病、早疫
　　病、褐斑病、炭疽病、黑斑病和黑根霉果腐病的识别
　　与防治［J］. 农业灾害研究，11（12）：10-12.

赵健，翁启勇，何玉仙，等，2010. 蔬菜病虫害识别与
　　防治［M］. 福州：福建科学技术出版社.

郑雪，陈永对，吴阔，等，2015. 2014年云南番茄、辣
　　椒上番茄斑萎病毒属病毒与传毒蓟马的发生特点［J］.
　　南方农业学报，46（3）：428-432.

郑雪，李兴勇，陈晓燕，等，2015. 番茄斑萎病毒与传
　　毒蓟马发生流行的相关性［J］. 江苏农业科学（5）：
　　118-121.

郑雪，刘春明，李宏光，等，2013. 云南省红河地区传
　　播番茄斑萎病毒属病毒的蓟马及其寄主植物种类调查
　　［J］. 中国植保导刊，33（3）.

郑永利，许方程，吴永汉，等，2005. 斜纹夜蛾自然种
　　群连续世代生命表组建及其在测报上的应用［J］. 浙
　　江农业学报，17（4）：203-206.

周朝阳，2006. 辣椒炭疽病的防治研究［D］. 长沙：湖
　　南农业大学.

朱志刚，姜照琴，胡传峰，等，2009. 蔬菜苗期病害的
　　预防［J］. 中国果菜（5）：42.

祝树德，陆自强，陈丽芳，等，2000. 温度和食料对斜
　纹夜蛾种群的影响［J］. 应用生态学报，11（1）：
　111-114.

番茄晚疫病症状

番茄早疫病症状

番茄白粉病症状

番茄灰霉病症状

番茄病毒病症状

青椒青枯病症状

辣椒早疫病症状

茄子病毒病症状

番茄斑潜蝇为害状

斜纹夜蛾

茄二十八星瓢虫